U0018699

THE BIRTH OF MY DOG

犬的誕生

每天陪伴你的毛小孩，也有屬於牠們的歷史故事，
了解牠們，才會更懂得珍惜牠們。

圖·文｜林秀美　　譯｜陳品芳

愛，還要更愛……

常聽人說「物似主人形」，什麼人養什麼狗。卻沒考慮每種狗狗都有牠們的獨特性。推薦給新手狗爸媽，想養狗之前，可以好好研究這本圖文並茂的書，幫助你們尋找合適的緣分。__**柯基犬のCoffee Time**

如果你喜歡狗的話，一定要看這本書！裡面充滿各種狗知識，還有很漂亮可愛的插畫。養狗的人一定要看！__**超愛狗的圖文作家 寶總監**

《犬的誕生》的畫風好可愛，好吸引眼球的那種，尤其是各種眼神的描繪讓讀者會以為正被看著，連著讓我翻了好幾次，很喜歡。更有價值的是對各種品種犬的血統、歷史、軼聞等，都用很風趣的方式說明，淺顯易懂好讀好說，讓人不知不覺地沉浸在其中，腦海中自然而然地勾畫出畫面，是一本讓人充滿想像力的書。__**胖胖糖集團 胖糖拔**

每一隻狗狗的樣貌、個性、小毛病都不一樣，但是每隻狗狗的忠心耿耿和愛主人的心都是一樣的，養一隻品種犬並不會比較幸福，但是有一個了解牠的主人才會幸福，這本書用最溫暖細緻的圖文，收藏了你最想要了解的品種故事。__**很愛狗也很愛畫狗的圖文創作者 狗與鹿**

是一本讓我想起最初創作筆下柴犬種種回憶的書，對狗狗的出身、歷史、血統的變化都刻畫得十分深入。並且以各式狗狗的視角帶領大家了解牠們的故事，使人再次感受到不同犬種的獨特魅力。__**棉花糖柴柴。廢貓阿米**

10個分類

FCI（Fédération Cynologique Internationale，世界畜犬聯盟）是國際上最大的育犬團體，與KC（Kennel Club，英國育種犬協會）、AKC（American Kennel Club，美國犬業俱樂部）並稱世界三大育犬團體。他們訂定各種標準，針對犬種登記、國際犬隻展的審查等進行規範，分享許多與犬隻有關的知識，用以增進人們對狗的認識。全世界許多育犬團體、犬業俱樂部均有加入此聯盟，KKF（Korea Kennel Federation，韓國犬業聯盟）也有加入。

FCI將全世界的狗依照各犬種的特徵和生理上的共通點分為10個種類。

第1類 牧羊犬與牧牛犬

用來保護家畜或是驅趕家畜的犬種。

第2類 獒犬與雪納瑞

主要為獒犬和瑞士山地犬與瑞士牧牛犬。
通常會培養成保護成員的犬隻，或救助犬、軍犬。

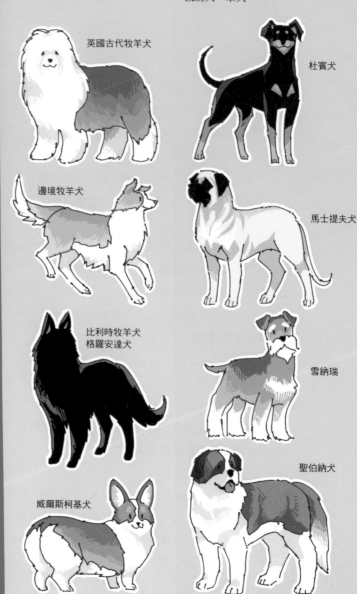

英國古代牧羊犬

杜賓犬

邊境牧羊犬

馬士提夫犬

比利時牧羊犬
格羅安達犬

雪納瑞

聖伯納犬

威爾斯柯基犬

第3類　㹴犬

善於追趕、狩獵棲息於地底或岩石縫隙中動物的犬種。

第4類　臘腸犬

用於獵捕獵的犬種。

第5類　狐狸犬與原始型犬類

長久以來一直守護著人類，幫忙打獵、拖拉雪橇等，陪人類走過歷史的犬種。

蘇格蘭㹴犬

貝林登㹴犬

傑克羅素㹴犬

牛頭㹴犬

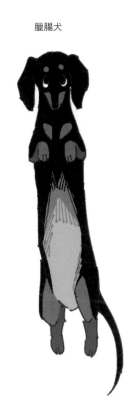

臘腸犬

西伯利亞哈士奇

博美犬

鬆獅犬

法老王獵犬

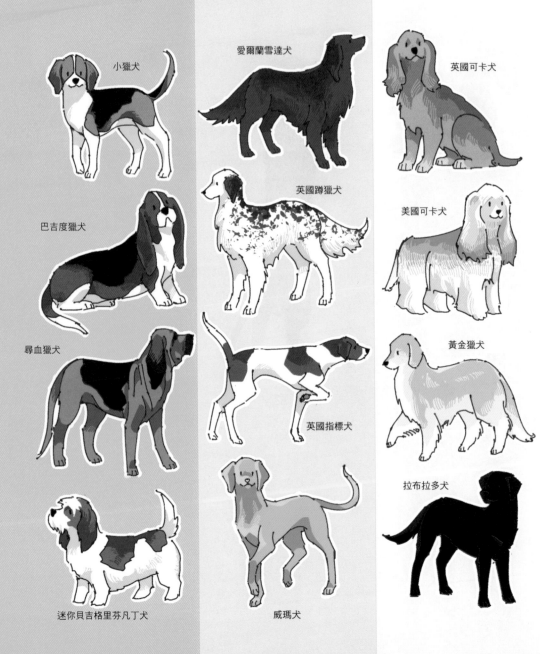

第6類　氣味追蹤犬

利用嗅覺狩獵的獵犬。

小獵犬

巴吉度獵犬

尋血獵犬

迷你貝吉格里芬凡丁犬

第7類　指標犬

找出獵物並留下標記告知獵物位置的犬種。

愛爾蘭雪達犬

英國蹲獵犬

英國指標犬

威瑪犬

第8類　尋回犬、激飛犬、水獵犬

回收地上、水中的獵物，或是用以驅趕棲息鳥類使其飛走的犬種。

英國可卡犬

美國可卡犬

黃金獵犬

拉布拉多犬

第9類　伴侶犬及玩賞犬

被培養作為家犬的犬種。

第10類　視獵犬

善用視覺的獵犬。

馬爾濟斯

比熊犬

蝴蝶犬

貴賓犬

蘇俄獵狼犬

格雷伊獵犬

薩路基獵犬

阿富汗獵狗

序

這本書是為了更愛、更了解陪伴在我們身邊的寵物狗而寫。我想先在此聲明，這本書的目的絕對不是讚賞或追求特定品種，而是希望能夠藉著理解各犬種的歷史與其個性，讓寵物狗、飼主都能過得更幸福。

如果你在挑選寵物狗時，是以狗的外貌是否可愛、漂亮為標準的話，那你很快會遇到問題，因為狗並不只是擁有漂亮外型的娃娃。寵物狗的壽命至少十年，狗在長大的過程中可能會闖禍，也可能生重病，若無法理解、接受這些情況，那麼狗和飼主就無法幸福。為了讓狗真正成為我們的家人，飼主必須事先了解各品種的特性與個性，並做出相應的準備。大多數的品種都是為了特殊目的發展出來，所以同種類的狗便有其共通點，個性也有相似之處。被稱為天使的黃金獵犬，是善於從水中回收獵物的尋回犬，也因此牠們很活潑，喜歡玩丟球遊戲。邊境牧羊犬則是善於驅趕羊群的天生好手，牠們體力很好，能夠在廣大的草原上，將數百頭羊趕往特定方向。為了陪伴這些活潑好動的毛小孩，我們必須成為對的飼主，保障牠們能夠滿足活潑好動的天性，同種的狗雖有不同的個性，但這些都是以共通的特點為基礎，配合環境因素發展出來的特點。

我認為了解各犬種的基本個性，是讓飼主與狗都能更幸福的基本常識，同時也能發現到，我們認為是品種犬的那些狗，都是由許多不同種的狗交配發展出來的。也就是說，大家都是米克斯，我們常掛在嘴邊的純種狗其實已經不復存在。無論品種為何，每一隻狗都是寶貴的存在，寵物狗並不是品種高貴的漂亮玩偶，而是我們必須要負責到底的家人。

這本書的每一篇都會以趣味漫畫和插畫的形式，描述每一種狗的歷史與小故事。為了傳達狗的魅力、可愛之處，我對許多細節也相當用心。也希望哪天能有機會，介紹那些礙於篇幅關係無法放進本書中的狗。我花了很長的時間，費盡心血準備這本書，希望多少能為狗和飼主帶來一些幫助。
最後要感謝始終支持我的父母、漂亮的河娜、露娜、姚娜、蕾娜，以及多多和蒸籠，還有一直為我加油的親朋好友，及在《犬的誕生》出版前一直提供我許多幫助的Ruby Box出版社與文善。

如果你正在煩惱要養怎樣的狗，請千萬要以領養代替購買……

2018年6月 林秀美

序・8

個性：充滿活力、熱情、溫馴、伶俐
推薦空間：公寓／獨棟住宅／庭園住宅
運動量：普通
應注意疾病：多淚症、膝關節脫臼
掉毛狀況：偏少（要經常幫忙梳毛）

1

Maltese

馬爾濟斯

全身覆蓋如純白絲綢一般的毛，來自馬爾他島的公主。
人類史上最老的寵物狗。

像雪一樣白。

像絲綢一樣柔軟、飄逸的長毛髮。

彷彿閃耀著星星，漆黑又充滿光澤的瞳孔，以及濕潤的鼻子。

喜歡被主人抱在懷裡，超會撒嬌的小可愛！

抱我！
抱我嘛！

馬爾他島的潔白公主，馬爾濟斯的故事。

是韓國最受歡迎的寵物狗之一。

我養馬爾濟斯！
我也是！
我也是！

各位，你們知道我是人類歷史上最古老的「寵物狗」嗎？

BC 1500 揮！

我個人覺得，馬爾濟斯應該在更早之前就出現了，大約是西元前6000年左右吧？

查爾斯·達爾文

順帶一提，古代的馬爾濟斯外形比較像狐狸狗。

跟現在不太一樣對吧？

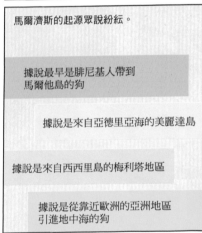

馬爾濟斯的起源眾說紛紜。

據說最早是腓尼基人帶到馬爾他島的狗

據說是來自亞德里亞海的美麗達島

據說是來自西西里島的梅利塔地區

據說是從靠近歐洲的亞洲地區引進地中海的狗

這個爭論自古持續至今。

馬爾濟斯的名字是取自亞德里亞海的美麗達。

才不是，是來自地中海的馬爾他島。

西元1世紀

老普林尼（將軍－博物學者）

斯特拉波（地理學者－歷史學者）

世界畜犬聯盟FCI則將馬爾濟斯的起源，標注為中地中海盆地。

正確的起源應該只有汪汪神知道吧？

與馬爾濟斯有關的最古老文物，是約西元前500年製作的希臘雙耳瓶（甕）上畫著的圖案。

瓶子上寫有「MEAITAIE」這樣的字眼，推測是馬爾濟斯的祖先。

AMPHORA

希臘、羅馬文明中有著兩個握柄的甕

15

此外我們還能在許多古代文物上發現馬爾濟斯的模樣。

約西元前450年的花瓶

西元前4年至前1年的陶器

備受寵愛到甚至被刻在碑石上。

約西元前340年的碑石

古埃及將馬爾濟斯視為神聖的動物。

今天也有新鮮的肉在等我！

古埃及人認為牠們有治癒的能力。

唉唷……我的肚子……救命啊……我要死了！

!!

很不舒服嗎？我來幫你治好它！

嗚嗚

哇……抱著馬爾濟斯就覺得舒服多了，真不愧是馬爾濟斯！

好多了嗎？太好了！

馬爾濟斯被埃及人稱為「撫慰者」，也格外受埃及人的喜愛。

我的手能夠治好你～

恢復體力中

醫生，我的腰好痛。

那我開兩天份馬爾濟斯療法給你。

敲敲

羅馬詩人馬提亞爾（西元40～102？），曾經短暫停留在馬爾他總督部百流家中。

你就當自己家，好好創作吧。

謝謝！

他對部百流的愛犬「伊莎」（Issa，在馬爾他語中代表「現在」）一見鍾情。

愛心

天啊，世上居然有這麼可愛的生命！

於是他還寫了一首稱頌伊莎的詩。

我要用詩歌頌這美麗的存在，在後世永遠流傳。

Issa est passere nequior Catulli,
Issa est purior osculo columbae,
Issa est blandior omnibus puellis,
Issa est carior Indicis lapillis, ...

伊莎開朗勝過卡圖盧斯的麻雀，
伊莎純潔勝過鴿子之吻，
伊莎迷人勝過萬千少女，
伊莎珍貴勝過印度鑽石。

自古便受到喜愛的馬爾濟斯，到了中世紀歐洲也廣受貴族喜愛。

中世紀的貴族男性，大多偏好獵犬。

我一定會抓到獵物！

而貴夫人們則像在抱貴金屬一樣，將馬爾濟斯抱在懷裡四處走動。

我的馬爾濟斯很可愛吧？

天啊，超可愛的～

被稱為悲劇女王的蘇格蘭瑪麗女王。

也因為喜歡馬爾濟斯，便從法國帶回血統純正的馬爾濟斯飼養。

據說一直到生命結束前的最後一刻，她都將馬爾濟斯抱在懷裡。

與瑪麗女王關係錯綜複雜的伊莉莎白女王也很愛馬爾濟斯。

這是土耳其國王送我的小可愛。

就像這樣，王族對馬爾濟斯的喜愛，開始像流行一樣在上流社會散播開來。

聽說領養馬爾濟斯是一種流行。

我也帶了一隻回家喔！

約瑟芬．博阿爾內

瑪麗．安東妮

因為成了像飾品一樣用來炫耀的對象，所以大家都更偏好體型較小的狗。

抱歉～像你這樣大的馬爾濟斯太重，太麻煩了。

驚！

NO

於是便刻意讓較小的個體交配，改良成體型更小的品種。

狗越小代表越進步喔！

小　　小

更小

結果是到了17至18世紀時⋯⋯

鼬鼠 & 松鼠

我們好像⋯⋯

變得這麼小的馬爾濟斯連繁殖都有問題。

嗚嗚

身體太虛弱了，好像沒辦法再生小孩了吧。

有一段時間甚至面臨絕種危機。

小並不完全只有好處，這會讓骨頭變得很脆弱，身體也變得很虛弱⋯⋯

幸好後來透過跟貴賓犬、西班牙獵犬交配，個體數又漸漸增加。

這時候大概產生了九個不同的品種。

隨著19世紀馬爾他成為英國的殖民地，馬爾濟斯也成為廣受英國人喜愛的寵物。

MALTA

接著便被帶到北美大陸，慢慢開始成為全球各地都能見到的犬種。

1888年美國犬業俱樂部（AKC）*承認馬爾濟斯為正式犬種。

熱愛動物的維多利亞女王功不可沒。

最早我被叫做「馬爾濟斯獅子狗」。

*American Kennel Club（AKC）：培育、保護犬隻的美國團體。

對了，你知道嗎？我們原本也有很多不同顏色喔，你以為我們都是白色對吧？

白黑相間的馬爾濟斯怎麼樣？

沒看過金黃色的馬爾濟斯吧？

但純白的馬爾濟斯大受歡迎，所以現在就都只剩下白色了。

不開心……

在全球各地受到喜愛的馬爾濟斯，總伴隨著名人一起出現。

貓王

瑪麗蓮・夢露

Snoop Dogg

最經典的名人應該就是演員伊莉莎白・泰勒。

非常喜愛動物的她，在《靈犬萊西》這部電影之後，也有好幾部跟動物合拍的電影。

我的演員生涯中，最優秀的對手演員……

也包括狗和馬喔。

尤其她特別喜歡自己晚年養的馬爾濟斯。

我叫糖糖，是在三個月大時遇到主人的！

她非常喜愛糖糖，甚至還委託畫家繪製糖糖的肖像畫。

我想為糖糖留下永遠的紀錄。

我是第一次為狗畫肖像，我會畫得漂亮一點～

據說那幅畫的價值現在已經達到約30萬台幣。

喜歡嗎？

當然喜歡！

伊莉莎白二世女王在1999年授予她相當於女性騎士爵位的女爵士，當時她因為不想跟糖糖分開，甚至還煩惱是否要接受這個爵位呢。

認可妳優秀的演技以及為愛滋公益活動的付出，故將此爵位授予妳。

這是我的榮幸！

為了接受爵位，她必須前往唐寧街……

什麼?!糖糖不能進入唐寧街嗎？

嗄愕

因為她實在無法和糖糖分開，所以甚至曾經考慮過要拒絕這個爵位。

我不能丟下你，要不要乾脆拒絕呢？

不行啦，主人……

對她來說，糖糖是十分特別的存在。

我這輩子從來沒這麼愛過一隻狗。

2007年美國不動產大亨李奧娜·艾瑪斯雷（Leona Helmsley）。

在遺囑中提到，要讓她的狗「麻煩」繼承3.5億台幣的遺產。

……?!
可以吃嗎？

她的財產大部分都捐贈給她和先生一起創立的動物福利財團，對狗的喜愛可見一斑。

請把這些錢用在增進狗的福利上吧。

遺產的繼承更是跌破眾人眼鏡。

只要好好照顧「麻煩」，就可以繼承2.9億台幣。

居然比狗還少?!

給你們各1.5億台幣，但一年至少要掃墓一次。

居然比狗還少?!

沒有遺產給你們，原因你們應該很明白。

我們都沒有?!全都給狗？

驚！

意外繼承大筆遺產的「麻煩」成了話題焦點。

妳看到了嗎？狗有3.5億台幣的財產吧！

天啊，我一輩子都賺不到也看不到這麼多錢！

當然牠不僅面臨殺害、綁架的威脅。

如果不立刻給錢，我就要把那狗崽子給殺了！

喀嚓！

甚至連照顧牠的幫傭都對牠提告。

我被「麻煩」咬了，會留下一輩子的後遺症，請負責！

哼！

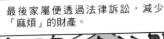

最後家屬便透過法律訴訟，減少「麻煩」的財產。

艾瑪斯雷女士在立遺囑的時候，精神狀況並不正常！

留下六千萬台幣，

剩下的都沒收。

嗚！

剩下的錢其實也很多。

但還是剩下很多啊，我很節儉啦。

據說牠每年都要花一百萬台幣。

美容23萬台幣

頂級飼料三萬五千台幣。

Dog

請不要靠近「麻煩」大人。

驕傲

剩下的就用來請保鑣嘍。

「麻煩」每天都吃飯店主廚做的料理。

主廚，今天的菜單是什麼？

今天是新鮮的雞胸肉和有機蔬菜。

放……

還戴著鑲有鑽石的項圈。

閃亮亮

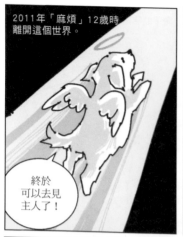

2011年「麻煩」12歲時離開這個世界。

終於可以去見主人了！

雖然無法依照艾瑪斯雷的遺言，讓牠葬在主人身邊。

雖然很遺憾，但我們不允許有動物的墓。

不過剩下的財產，都全部捐給了艾瑪斯雷的動物福利財團。

這些錢要用在生病、困苦的動物身上。

馬爾濟斯自古以來就是格外受到人們喜愛的寵物。

被主人抱在懷裡時能讓人感到開心。

時而又能撫慰、療癒人心。

為了幫助生病的人維持體溫，也會讓他們抱著馬爾濟斯。

輕輕撫摸

更是幸運的象徵。

據說家裡養一隻白色的動物，就會獲得很多好運喔！

馬爾濟斯就這樣，和人類一起走過了漫長的歷史。

馬爾濟斯就像一隻小巧純白的精靈，是來自馬爾他島的可愛公主。

看見牠們漆黑又水汪汪的雙眼，
有誰會不喜歡呢？

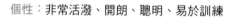

個性：非常活潑、開朗、聰明、易於訓練
推薦空間：公寓／獨棟住宅／庭園住宅
運動量：普通
應注意疾病：白內障、耳朵疾病
掉毛狀況：偏少

2

Poodle
貴賓犬

法國國犬貴賓犬是聰明又伶俐的美人，
也是最常見的寵物狗之一。

有著像羊毛一樣鬆鬆的毛，

體型從大到小非常多樣化，

而且非常聰明。

個性活潑又開朗，

汪！

跑跑

讓我們一起來認識鬆毛開朗小可愛，貴賓犬！

淘氣又調皮。

舔舔舔

嘿～大家好！
我是貴賓犬！我的名字是
來自德文喔！

「Pudel」在德文中是
在水中奔跑，嘩啦嘩啦地
濺起水花的意思。

Hund是「狗」
的意思

雖然我的起源
是德國，卻也是
代表法國的狗。

貴賓犬通常分為三種，
我是玩具貴賓，是小型犬！
也是日常生活中最常接觸到
的小可愛！

我是迷你貴賓，
是中型犬！

嗨，小鬼頭們，
我是標準貴賓，
是大型犬，也是歷史
最悠久的一個品種。

人類把我改良成
體型比較小的品種，
所以我才是始祖。

迷你貴賓是在16世紀出現。

天啊，
是小貴賓犬！

玩具貴賓則在18世紀出現。

天啊！
是更小的
貴賓！

牠們聰明且學習能力出色。

能在馬戲團表演高難度的雜耍。

也能訓練成為軍犬。

原本標準貴賓是一種水狗。

主要是將獵物從水中撿回來的尋回犬。

就像拉布拉多、黃金獵犬一樣腳上有蹼，非常會游泳。

另一方面，迷你貴賓則被用於採收松露。

你有看過為了尋找蘑菇而在山腳下徘徊的獵……貴賓犬嗎？

松露是長在櫟樹或榛樹底下生長的蘑菇。

無法人工栽培，所以產量非常低。

因為生長在地底深處，跟泥土混在一起，很難區分。

是一種以價格昂貴而聞名的食材，被稱為「地底的鑽石」。

三大珍品

為了採收這樣的松露，通常會需要狗或豬的協助。

嗅嗅嗅，我的鼻子開始有反應了。

聞聞

比起豬，人們更偏好使用訓練過的狗。

天啊！不行！那很貴！

我要全部吃光光！

挖挖挖

但大型狗會在挖土的同時傷到松露……

對不起！

秀秀

爪子的痕跡

於是人們便漸漸改用小型狗。

我任命你為新的松露獵人！

天啊！！

也因此標準貴賓被改良得更小。

你是回收犬！我是松露獵人！我們做的事情不一樣！

快過來！

說到貴賓犬，大家最先想起的特徵就是華麗的鬆毛美容。

其實狗的美容並不是為了美觀。

美容其實有其實用性，是為了保護要進入水中的貴賓。

為了保護心臟和肺部，更利於調節體溫，所以胸部的毛才會比較厚。

噗通!!

為了保護腳部的關節不受尖銳的蘆葦、水草傷害，所以才留下腳上的毛。

沙沙　沙沙

為了在水中或森林中時能當作標誌辨識，所以刻意將尾巴的毛剪成圓形。

剩下的毛則剪得很短以利游泳，這就是貴賓美容的起源！

這樣水的阻力才會降低，回到地面上之後毛也會乾得更快。

甩甩甩甩甩

這種具實用性的美容，

天啊……真是太優雅了！

就成了貴賓專屬的時尚與特徵。

更強調特色！更蓬鬆！更美！更華麗！

剪　剪　剪　剪

進而發展成現在各種不同風格的貴賓美容。

綿羊型
甜心毛球型
好萊塢型
巴黎型
睡衣荷蘭型
比熊型
夏日邁阿密型……

現在共有超過三十種的貴賓美容法喔！

出生為貴賓犬真是讓我滿足！

貴賓美容法已經成為現在寵物狗美容發展的原動力。

我也要讓我們家的孩子跟貴賓犬一樣漂亮！

我們可以說貴賓在寵物犬美容的發展史上，扮演非常重要的角色。

美

沒有我，怎麼會有美的存在呢？

美容法當中，有一種以犬展為主要目標的「展覽型」。

所謂的「型」，是以剪刀修剪狗毛做出造型的意思。

其他的一般美容就稱為「寵物型」！

最近很流行泰迪型這種可愛的風格。

貴賓犬在參加犬展的時候，通常會選擇以下三種剪法之一。

歐洲大陸型

幼犬型

英國鞍型

隨著寵物美容的發展，也出現一些比較不普通的獨特造型，當然也引發了不少爭議。

天啊！居然幫狗毛染色？

為了做出這個造型，到底花了幾個月養毛、剪毛啊?!

狗又不是玩具！

有類似NAPCG*這樣強調不危害動物健康的美容團體存在。

我們致力於創造出不危害動物

健康與安全的寵物美容方式。

* NAPCG (National Association of Professional Creative Groomers)

歐洲大陸型

幼犬型

英國鞍型

花椰菜型

綿羊型

泰迪型

另一方面，貴賓犬的美麗容貌自古便帶給藝術家許多創作靈感。

古代埃及、羅馬的墳墓壁畫當中，都能發現神似貴賓犬的圖案。

在中世紀畫家阿爾布雷希特·杜勒的版畫，

不過這些也都只是推論。

以及法蘭西斯科·哥雅的畫中，都有跟貴賓很像的狗出現。

怎樣，怎麼了？

看起來就像沒有做過寵物美容的貴賓

貴賓也很受到現代藝術的喜愛。

德國雕塑家卡塔琳娜·弗里奇的作品

美國藝術家傑夫·昆斯的作品

文化作品方面，歌德的《浮士德》中，惡魔梅菲斯托費勒斯就以黑色貴賓的形象登場。

我會賜給你任何人類都不曾經歷過的幸福。

美國小說家約翰·史坦貝克也曾出版與貴賓犬查理一起旅行的遊記。

《查理與我：史坦貝克攜犬橫越美國》（1962）

貝多芬也曾在16歲時失去自己養的貴賓，因而創作了〈為死去貴賓犬寫的哀歌〉（1790）。

你擁有鬈鬈的黑色毛髮，
看不出你的心機與小把戲。
我所認識的幾個人的靈魂，
就像你的毛色一樣漆黑。
時而因這混亂的世界感到疲憊、失去力量，
想要就這樣與世界道別。
但只要看見你平靜的明亮雙眼，
我就能再次與世界和解。

海頓也寫了一首名叫〈聰明的貴賓犬〉（1780）的曲子。

曲子在描述一隻能夠找到銅板的聰明貴賓犬，從現在開始就讓大家看看我有多聰明！

偷走銅板的犯人就在我們之中！

蕭邦著名的〈小狗圓舞曲〉（1847），就是他看到戀人小說家喬治‧桑的貴賓犬，獲得靈感後創作出來的。

到了現代，貴賓犬已經成了時尚的標誌，經常出現在時裝秀或是雜誌上。

在動畫等作品當中，也經常扮演高傲的角色。

《奧麗華歷險記》（1988）的喬琪

也受到很多名人的寵愛，尤其1950年代，貴賓犬曾經跟奧黛麗‧赫本一起在電影《龍鳳配》當中登場，也使得養貴賓犬的風潮席捲全球。

演員兼摩納哥王妃葛麗絲‧凱莉與貴賓犬
葛麗絲‧凱莉對用270顆鑽石加工製成的卡地亞貴賓犬胸針愛不釋手。

電影《龍鳳配》的奧黛麗‧赫本與貴賓犬

叔本華與貴賓犬阿塔瑪
在人際關係上不太順利的他，會跟「比人更好」的阿塔瑪一起每天散步兩小時，這幅風景也成了法蘭克福的特產。

溫斯頓‧邱吉爾與貴賓犬魯孚
魯孚會跟我們全家人一起用餐，我們會等到魯孚的飯上桌之後才開動。

在這裡來個問答！全世界最長壽的貴賓犬活到幾歲呢？據說牠是在1908年出生，一直活到1937年喔。

我活了28年又218天。

貴賓是比較不容易引發對狗過敏問題的犬種。

是比較不會掉毛的品種。

大概就是梳毛時會掉一點而已。

貴賓曾有過多次配種，產生許多混血犬種，

簡單來說就是米克斯！

其中包括拉布拉多貴賓犬。

澳洲導盲犬協會的瓦利、克隆

聽說你們需要不會引發過敏的導盲犬是嗎？

就是為了一位伴侶有過敏問題的視障女性創造出來的。

對，因為我先生對狗過敏。

布倫夫人

於是導盲犬協會便先訓練標準貴賓犬當導盲犬。

唉唷，冷靜點！慢一點！沉穩一點！

跳躍！跳躍！

貴賓犬的個性實在不適合當導盲犬，所以宣告失敗。

有沒有什麼方法能訓練不會讓人過敏的狗當導盲犬呢？

經過幾次的失敗之後，他終於成功讓拉布拉多獵犬與貴賓犬交配。

其中有隻小狗的毛髮較不具刺激性，也具備適合當導盲犬的特質。

這孩子的毛不會引發過敏反應！

汪汪

於是牠就成為第一隻拉布拉多貴賓犬，當了十年的導盲犬。

謝謝你，蘇丹！

不客氣！

後來還透過交配，配出了可卡貴賓、馬爾濟斯貴賓、柯基貴賓、雪貴賓等混血犬種。

馬爾濟斯貴賓（馬爾濟斯犬＋貴賓犬）

可卡貴賓（可卡犬＋貴賓犬）

雪貴賓（雪納瑞＋貴賓犬）

柯基貴賓（威爾斯柯基犬＋貴賓犬）

這些混血狗較不容易罹患純種狗的遺傳疾病，免疫力也比較好，便漸漸開始受到歡迎。

開朗！

只有從爸爸媽媽那邊遺傳到好的基因，我非常強壯！

這些有很多優點又漂亮的貴賓，

醫生，我家的貴賓好像是天才。

這很正常。

會認出很久以前就分開的家人或主人。

媽媽！是媽媽！好久不見！

乖女兒！已經過十年了！

也會聽主人的話，指出闖禍的主嫌是誰(?)。

到底是誰把這裡弄亂的？是誰幹的？

專注的視線……

像人一樣親切的模樣，十分受到人們喜愛。

牠真的超級像人，完全是人。

被發現啦？

牠就像棒棒糖一樣充滿個性又活潑，貴賓犬獨特的魅力，任誰都難以抗拒。

個性：不怕生、很活潑、愛撒嬌且相當獨立

推薦空間：公寓／獨棟住宅／庭園住宅

運動量：普通

應注意疾病：脂漏性皮膚炎、嘔吐、腹瀉、心臟瓣膜不全、 心臟麻痺、膝蓋脫臼

掉毛狀況：普通（必須每天梳毛）

3

Yorkshire Terrier
約克夏㹴犬

擁有從頭開始覆蓋整個身軀，如絲綢般的毛髮，
被稱作「移動的寶石」，
更有「約克夏」這個可愛的簡稱。

在韓國名列人氣品種前兩名，

啊！是約克夏。

唉唷，是約克夏吧！

有著如絲綢般又長又軟的毛髮，

我是㹴犬中體型最小的！

又名為「移動的寶石」，

唰唰唰

簡稱為「約克夏」的這種可愛小狗，

YORKIE

就是約克夏㹴犬！

嗨，我是約克夏，讓我來說說自己的身世。

我超級黏主人，完全不想離開他們任何一步！

要是獨自被留在家中，會覺得很孤單。

媽媽什麼時候回來……

小主人雖然可愛，但他好像會獨占主人的愛，所以我偶爾會嫉妒他。

這個家裡的公主是我，所以我當然應該要受到寵愛吧？

困擾……

是不是把牠養得太嬌貴了……比起對牠百依百順，更應該要好好溝通才對。

不過高貴的我，也是有一段過去的。

其實我是專門抓老鼠的獵人喔！

嚇到了吧？

因為長得可愛，很多人會覺得不可思議，但其實㹴犬是很有用的獵犬。

聞聞聞……

㹴犬（Terrier）是從拉丁語的Terra發展而來，意思是土地、泥土或是大地。

TERRA

45

也就是說，㹴犬是為了抓居住在地底小洞，或岩石縫隙中的小動物而生的獵犬。
挖挖挖
啊！
所以我的個性也十分活潑、剛毅，跟外表很不一樣！
是陌生人！警戒注意！
汪汪！
汪！
怎麼樣？越是了解我就越好奇吧？那就讓我來告訴你，我們是怎麼誕生的吧！
約克夏㹴犬源自於19世紀中期，蘇格蘭人移居至約克郡時帶去的㹴犬。
蘇格蘭
約克郡
當時發生工業革命，約克郡成為繁榮的工業大城。
紡織工廠招募了很多來自蘇格蘭的紡織工人。
因為人口遽增，老鼠也成了最頭痛的問題。
有聽說過恐怖的黑死病嗎？
嘰
嘰
嘰
嘰
紡織工人們透過配種，培育出專門抓老鼠的犬種。
外來的㹴犬
土種小型犬
RATTER
而這樣培育出來的獵鼠狗不僅能力優秀，
我把整個社區的老鼠都掃光了！
堆
更擁有美麗的外表，便開始受到富裕階層的喜愛。
要不要雇用一隻有能力又漂亮的老鼠獵人，來幫你看家呢？
NEW

於是約克夏㹴犬成了紡織工人的額外收入。

是別人介紹我來的，我家想要買兩隻……

於是工人之間便展開競爭，這也使得約克夏的誕生至今仍是個謎團。

佩斯利㹴犬　曼徹斯特㹴犬　丹第丁蒙㹴犬　斯凱㹴犬　馬爾濟斯

推測是由許多不同的犬種配種培育而成，但不知道究竟是哪幾種。

一開始約克夏被叫做雜毛蘇格蘭㹴犬（Broken-Haired Scotch Terrier）。

你叫雜毛蘇格蘭㹴犬～

而約克夏㹴犬這個名字則是在1870年代左右出現。

好啊，這個比較好……

還是叫我約克夏㹴犬吧。

這時候也出現了對現代約克夏品種產生做出巨大貢獻的祖先，牠叫做哈德斯菲爾德・班。

HUDDERSFIELD BEN

哈德斯菲爾德・班（1865-1871）
在犬隻展與抓老鼠大賽中榮獲許多獎項，是現代約克夏㹴犬的種犬。

班有著優秀的能力，經常在各種大會出盡鋒頭。

我有74個獎盃呢。

因為是種犬，所以班的體型不大，只有四到五公斤。

我那時候，約克夏可是比現在大很多喔。

而牠的子孫體重也都維持在三公斤以下。

我們都是班的孩子。

2.8kg　3kg　2.7kg

班也對約克夏的毛質、長度造成影響。

班的子孫毛更長、更軟。

班出色的能力、外表以及作為種犬的各種特徵，讓牠在短短六年的生命當中，為約克夏狗犬這個品種奠定了基礎。

現代大部分參展用的約克夏，身上都有我的基因。

最棒的種犬，約克夏的教父，班！

評論家認為，哈德斯菲爾德‧班是所有犬種當中最受矚目的一隻狗。

偉大的約克夏之父

雖然未經證實，不過據說以前的人認為，體型越小、毛越長的約克夏就越好。

但現在大家都更重視健康跟開朗的個性，真是太好了！

繼班之後最出名的約克夏，就是
奧黛麗‧赫本養的「有名先生」
（Mr. Famous），有名先生因為
是赫本的第一隻寵物而出名，更
曾和赫本一起演出電影《甜姐
兒》（Funny Face）。

無論我去哪裡
都會帶著有名先生一起，
也因此世上有更多人
認識約克夏，
隨身帶著寵物這件事，
也成為好萊塢明星的
流行趨勢。

美國前總統尼克森的第一寵物（指的
是總統的寵物）當中也有約克夏。

電影演員強尼‧戴普在沒有取得許可
的情況下，把自己養的兩隻約克夏帶
到澳洲去，使得兩隻寵物面臨要被安
樂死的命運。

要從國外帶動物
進來，至少必須
隔離十天接受檢疫，
你這樣是走私！

牠們是來陪
我拍戲的。

不管！

幸好約克夏平安無事回到美國。

嚇死狗了……幹麼這樣對我們？

強尼·戴普也差點因為這件事被判十年徒刑或易科相當於九百萬台幣的罰金。

我絕對不再去澳洲了！

哼！

澳洲政府

如果50小時內不把狗帶回去，就要把牠們安樂死！

就算你是知名演員，在法律面前也一律平等！

另一方面，歷史上最小，大約跟火柴盒差不多大的約克夏希薇亞。

體高 6公分
體長 9公分
體重 110克

以及2012年獲金氏世界紀錄的「全世界最小的工作犬*」露西，也都是史上相當出名的約克夏。

CERTIFICATE

體長14.5公分
體重1.13公斤

曾經是流浪狗的露西，現在是一隻治療犬。

往來於特殊學校、醫院、安養中心等地方散播愛！

拉貝拉這隻導聾犬，則是讓世人發現約克夏能夠靠嗅覺發現疾病，拯救主人的性命。

ZZZ...

主人身上有很奇怪的味道！

嗅嗅嗅

牠出現一些平常不會做的舉動，我覺得很意外，而那時候我也突然感到很痛苦。

我差點就因為動脈阻塞導致心臟麻痺，還好有拉貝拉警告我！

童話《綠野仙蹤》的原作中雖然沒提到小狗托托的品種。

不過因為負責插畫的W.W.丹普西洛將牠畫成一隻約克夏。

托托是隻有著柔軟黑色長毛的可愛小狗。

故推測托托是一隻約克夏。

他應該是看著熟悉的狗來畫的吧。

雖然主流的說法都認為托托是凱恩㹴犬，但還是看一下丹普西洛畫的托托再下定論吧！

還有，你有聽說過「來自戰壕的天使」斯默克嗎？這隻小巧可愛的約克夏，是像英雄一樣在戰場上十分活躍的軍犬喔。

斯默克（1943-1957）
美國第五航空隊第26攝影偵察中隊下士
八次榮獲從軍紀念戰鬥星章
1944年獲選為西南太平洋地區吉祥物冠軍
在全世界共有七座紀念碑
是史上第一隻接受專業醫療診斷的狗
史上第一隻治療犬
出版包括《斯默克回憶錄》在內的兩本書籍

斯默克在第二次世界大戰期間，被美軍在巴布亞紐幾內亞的廢棄戰壕中發現。

這裡有一隻狗！

懷恩成了斯默克的主人，一起在偵察攝影中隊服役。

威廉·A·懷恩

他將戰鬥口糧分給斯默克吃。

斯默克好像胖了吔。

是因為罐頭，牠需要更均衡的飲食。

斯默克是全世界第一隻接受專業醫療診斷的狗！

斯默克接受了基礎軍犬訓練等各式各樣的訓練。

牠甚至用特別製造的降落傘，完成了跳傘訓練！

斯默克後來搭上輸送船，

你怎麼突然叫個不停啊，斯默克？

汪！汪！那裡很危險！快過來這邊！！

汪！汪！

並在敵軍的攻擊下拯救了懷恩的命。

砰隆！！

我的天！

最知名的一個事件，是1945年菲律賓呂宋島奪還戰。

仁牙因灣

呂宋島

當時軍隊打算進行出其不意的登陸作戰，便在仁牙因灣建造機場。

美軍通訊隊必須透過埋設在跑道底下的管子，將電話線連接起來。

到那裡

21m

從這裡

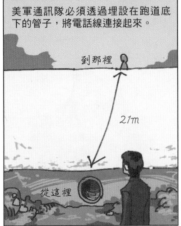

斯默克，能做到這件事的只有你而已，真的可以拜託你嗎？

Yes, Sir！就交給我吧！

把電線綁在斯默克的項圈上，讓牠進入直徑只有20公分且又小又黑的管子中。

管子裡面又黑又可怕

迎面而來的風滿是灰塵
讓眼睛好癢

路被泥土擋住
有一些路段
甚至難以通行

把電線掛在脖子上
走起來當然很辛苦

正在不知道
究竟有沒有辦法走到盡頭的時候
我看見遠方的光線

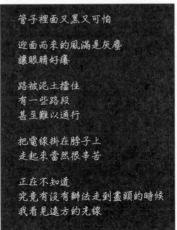

只要從那裡出去
我的任務就完成了

斯默克所完成的任務非常了不起，如果沒有牠的話⋯⋯

必須要有250人花三天把地挖開　　必須要把40架戰鬥機飛到其他地方去放　　而這一切都暴露在危險之中！

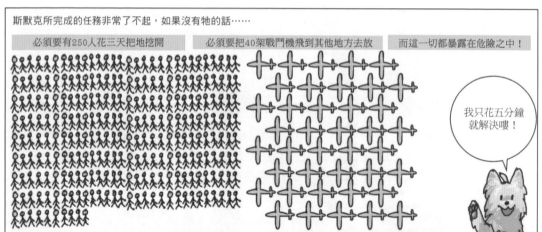

我只花五分鐘就解決嘍！

戰爭結束之後，斯默克頂著第一隻治癒犬的頭銜，活躍於電視節目、退伍軍人醫院。

我可以蒙著眼走繩索！

好厲害喔～

哇！不愧是斯默克！

真的什麼都會！

1957年離世之前，牠受到眾人的喜愛。

斯默克讓生活在同個時代的上百萬人

獲得了幸福。

包括斯默克沉睡的墓地在內，全世界共有七座讚頌斯默克的紀念碑。

Smoky
YORKIE DOODLE DANDY
AND
DOGS OF ALL WARS

英國寵物保護團體PDSA也曾經頒發證書，紀念斯默克的勇氣與貢獻。而約克夏㹴犬國立救助機構YTNR，也每年頒發「斯默克獎」以紀念牠的活躍。

讚頌斯默克的紀念碑文
斯默克以及所有戰爭中的軍犬
是最優秀的狗英雄
四磅的勇氣

斯默克的主人懷恩，則用這句話來與斯默克道別：

「來自戰壕的天使」
（Angel from a foxhole）

約克夏就是這樣一種勇敢、聰明且親切的狗，能當軍犬也能夠當治療犬。

雖然很小，但可千萬不要看扁我喔！

神氣！

約克夏擁有被稱為「行走的寶石」的美麗外表，同時也有著與之相反的強悍魅力。

哎呀，真是過獎了～

特徵：優雅

注意：偶爾個性會大轉變

那麼，是不是該來清理剛才看到的那些老鼠了呢？

抖抖抖抖

俗話說「越小的辣椒越辣」，這正是約克夏的寫照，要不要來體驗一下牠可愛的反差魅力呢？

個性：具社交性、親人且聰明、偶爾會有點固執
推薦空間：公寓／獨棟住宅／庭園住宅
運動量：普通
應注意疾病：外耳炎、腎臟炎、肥胖、眼睛疾病
掉毛狀況：少（必須每天梳毛）

4

Shih Tzu
西施犬

很受明朝皇帝喜愛的獅子狗西施犬，
有著超時尚的雙層毛，
還有彎曲到背上的帥氣尾巴。

有著又圓又扁的臉，且非常喜歡社交。

長得就像獅子一樣，以又長又茂密的美麗毛髮為傲。

打呼很大聲這一點意外地讓人感到親切，是非常受歡迎的寵物狗西施犬。

但其實西施犬在西藏與中國皇室，被認為像是皇族一樣尊貴。

現在就讓我們仔細了解西施吧！

是能夠抵擋厄運的神奇動物，也是皇室的寶物。

不好的氣息快點退開！

西施雖然是現在生活中很常見的寵物狗。

不過在過去，卻是一般平民都要向牠行禮的尊貴生物。

西施大人

西施這個名字是源自於中文中「獅子狗」的發音。

Shīzigǒu
→
ShihTzu

推測是在西元前800至西元1000年之間出現的犬種。

BC.800　AD.1000

被認為是神聖的「獅子狗」，是能夠趕走惡鬼的吉祥動物。

啪

啊

惡鬼啊，快退下！

說是獅子狗，這也差太多了吧？

你是我親戚嗎？

所謂的獅子狗，通常指的是擁有扁圓的頭以及毛髮像獅子一樣長的東方犬種。

很類似我們知道的石獅子！

西藏獒犬——因為體型巨大，被當成警衛犬。

其中包括大型的西藏獒犬、小型的北京犬、拉薩犬、西施犬等許多犬種。

北京犬　拉薩犬　西施犬

佛教認為獅子是所有野獸當中最高等的存在。

並將佛祖比喻為獅子，相信獅子能夠代佛祖行使力量。

雖然獅子被認為是高貴的守護者，但因為西藏高原地區並沒有獅子，

只有我沒有獅子……

釋迦牟尼出生的印度有獅子

但是！

高原的西藏卻沒有獅子！

便將與獅子相似的獅子狗神化。

牠跟獅子好像！

汪！

在佛祖左側輔佐佛祖的文殊菩薩，在佛教中是象徵智慧的存在。

據傳文殊菩薩帶著一隻能夠變身為獅子的獅子狗，也因此獅子狗被認為是象徵智慧的動物。

文殊菩薩的左右手就是我！

有許多與獅子狗有關的佛教傳說，像是在佛祖旅行的途中……

曾經在路上遇到強盜

趁我還沒動手之前，快把身上的財物交出來！

登場！！

而佛祖身旁的狗立即變身成為獅子！

吼吼吼吼！嗷嗷嗷嗷！

嚇！

佛祖請不要擔心，我把他趕走了！

哦！謝謝你。

於是佛祖親吻了獅子的額頭，牠便再次變回小狗。

親！

咻咻

據說西施額頭上的白色斑點，就是當時留下的痕跡。

西施就是這樣一種保護佛祖的護衛犬。

佛祖由我來保護！

在寒冷的佛堂中，西施也會躲在僧侶的僧服當中，幫助僧侶維持體溫。

西施和我們一起進行祈福儀式，也被稱為「會祈福的狗」。

在中國皇室，也會把牠們放在床鋪底下，以幫助維持床鋪的溫度。

熱呼呼

熱呼呼

由於被認為是尊貴的存在，所以嚴格禁止帶出宮外。

關於獅子狗與西施的紀錄，最早是出現在中國唐代的文獻與藝術品中。

13世紀，馬可波羅曾經描述過一隻元朝皇帝忽必烈身邊的小獅子狗，據說那就是西施。

我是獅子的朋友，是能使獅子冷靜下來的狗喔。

因為牠們出生後三個月左右，臉部周圍的毛就會像菊花一樣展開，所以西施也被稱為「菊花犬」。

古文獻如此描述西施的長相：

如椰子樹葉般的耳朵

如拂塵般的尾巴

如熊的體魄與金魚般的優雅身段

如獅子般的頭

如花瓣般的舌頭

如米粒般的牙齒

如駱駝般的腳趾

看描述會覺得好像是虛擬生物……

我有問題！西施是怎麼誕生的？

你剛說什麼？

啊，這個問題啊！

關於西施的起源有很多種說法，最普遍的說法是另外一種獅子狗拉薩犬與北京犬交配後生下的子嗣。

西施的母親北京犬，也是象徵中國皇室的獅子狗。

自秦始皇起，便是進貢給古代中國皇帝的禮物。

哦！有一隻珍貴的獅子狗啊！甚是喜悅！

西施被認為是阻擋厄運的符咒，也是能夠驅趕厄運的神聖動物。

鏘

鏘！

中國就由我來守護！

是只有在皇室中才能看見的珍貴犬種。

貴夫人也會把我捧在懷裡，小心翼翼地帶著走喔。

宮內甚至設有專門照顧北京犬的宦官。

走走走

當皇帝或皇族去世，北京犬就會陪著一起殉葬。

是希望我在那個世界也能繼續保護主人……

要是偷竊北京犬，甚至會被處以死刑。

竟敢偷盜神聖的北京犬，用你的命來償還吧！

關於北京犬的誕生，有個十分有趣的傳說。很久很久以前，有一頭獅子……

天啊，狨猴女士！妳真是太小、太可愛、太美了……

心動！

心動！

獅子對狨猴一見鍾情，但兩者實在差距太大了。

雄獅身長1.5至2.5公尺

狨猴身長20至25公分

於是獅子便去找佛祖，迫切地將願望告訴佛祖。

佛祖！拜託成全我跟她的愛情吧！

嗚嗚

於是佛祖就讓獅子縮小，而兩者之間生下的孩子就是現在的北京犬！

也有一種說法是獅子與蝴蝶相愛

備受皇室喜愛的北京犬，在第二次鴉片戰爭時被帶到中國以外的地方。

當時清朝皇帝咸豐下了這樣的命令。

不能讓獅子狗被西洋蠻夷搶走，把牠們全給殺了！

但因為部分貴夫人實在狠不下心殺害自己養的北京犬，便偷渡了五隻到西方，北京犬才終於為世界所知。

當時西方人稱北京為「Peking」，所以才會幫北京犬取名為「Pekingese」。

若說北京犬是象徵中國皇室高貴血統的皇室犬。

那麼西施的父親拉薩犬，就是象徵西藏的獅子狗。

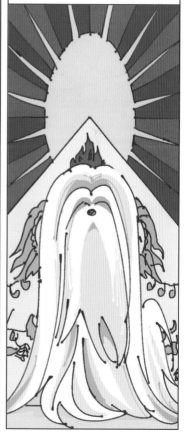

拉薩犬是四千年前就居住在西藏的特有種。

從居住在高山地區的小型狼演化而來。

大型狼則演化成「藏獒」。

自西元前800年起，西藏首都拉薩便開始飼養拉薩犬。

平均高度4500公尺

因為是高原地形，與四周無法互通，所以才會出現這樣的單一犬種。

拉薩犬象徵西藏王室，有著神似獅子的外貌，是備受禮遇的王室犬，除了達賴喇嘛之外，沒有人能將拉薩犬帶出西藏。

據說在西藏，無法達到涅槃境界的僧侶，

NIRVANA

就會成為拉薩犬，暫時停留在俗世，所以人們非常看重拉薩犬。

年長的喇嘛轉世

西藏只會將公拉薩犬送到中國。

拉薩犬是很珍貴的存在，只能在西藏繁殖。

中國將代表皇室的北京犬和獅子狗拉薩犬交配，便生下現在的西施犬。

也就是說我是神聖的存在，身上有皇族的血統，可說是九五之尊喔！

爸爸是神聖的西藏王室犬！

媽媽是高貴的中國皇室犬！

這麼高貴的西施，以中國的四大美人之一「西施」命名。

中國的四大美女之一——西施

中國歷史上知名的女性之一，清朝的慈禧太后也十分喜歡西施這一類的短頭犬*。

北京犬　西施　巴哥

甚至曾特別下了一道命令。

若有人虐待、欺負宮中的狗，就處以死刑！

慈禧太后特別要求臣子，不得將三種狗混在一起。

明確指定狗要吃哪些飼料。

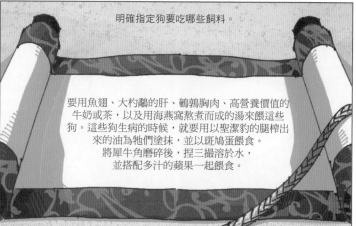

要用魚翅、大杓鷸的肝、鵪鶉胸肉、高營養價值的牛奶或茶，以及用海燕窩熬煮而成的湯來餵這些狗。這些狗生病的時候，就要用以聖潔豹的腿榨出來的油為牠們塗抹，並以斑鳩蛋餵食。將犀牛角磨碎後，捏三撮溶於水，並搭配多汁的蘋果一起餵食。

甚至還為了西施特別蓋一座宮殿。

歡迎光臨，皇后陛下！

我受過訓練，皇后陛下來訪時就要舉起前腳揮舞。

達賴喇嘛也曾經送了一對獅子狗給西太后。

您非常喜歡獅子狗吧？

牠們真是美麗的孩子。

這些西施也被畫在壁掛用的布幔或壁毯上。

1908年西太后去世後，宮中人人都為了擁有最好的西施而展開競爭。

我也要跟西太后一樣養西施！

我也要！

我也要！

而繁殖出來的美麗西施，會被偷渡到宮外，或是當成禮物送給貴客。

（窸窸窣窣）我有賣西施！

（窸窸窣窣）多少錢？

不過西施遭遇了非常大的考驗，那就是1911年辛亥革命時，由於西施象徵富有，故曾有一段時間禁止在中國國內飼育，境內的西施甚至遭到屠殺。

這時有很多西施死去，據說只有14隻活下來。

幸好1928年被派至中國的英國軍官的夫人，將一公一母的一對西施帶到英國。

尤其母的舒莎，毛非常柔軟，臉長得有些像小貓頭鷹跟菊花。

除了這一對西施之外,還有一隻被帶到愛爾蘭的龍福斯,這才好不容易延續了西施的命脈。

啊,好久沒看到同族的狗!

讓中國境內極少數存活下來的西施,以及英國軍官夫人帶走的西施犬交配生下的西施,就是現代西施犬的祖先。

在那之後又再一次跟北京犬混種,體型更小了一些,毛也更長、更軟,變成現在大家看到的樣子!

接著在二次世界大戰之後,由駐紮在英國的美軍士兵帶到美國。

太感謝了!

1969年登記於美國育犬協會

後來西施開始受到名人的喜愛。

比爾·蓋茲養的西施叫做「鮑爾默」,取自他的好友史蒂夫·鮑爾默的名字。這才是真正的鮑爾默→

伊莉莎白二世女王還是公主時養的「秋秋」

瑪麗亞·凱莉的「必應」

碧昂絲養的「夢奇」

「瑪尼」是一隻年老的流浪狗,後來被MTV製作人收養,現在是全球知名的Instagram明星。

出生以來一直被認為是高貴象徵的西施，

牠的發展史一點也不順遂。

差點就要絕種了，要是真的絕種的話，我們現在就沒辦法見面了呢⋯⋯

自古以來就被認為能阻擋厄運、保護主人，是令人感激、喜愛的存在。

能為你帶來幸運，小巧美麗的獅子狗。

慢～慢～地～快快地玩

散步的時候可以重複加快、
放慢走路速度。
速度改變的時候最好能搭配「快」
「慢」等指令。

★ 這時候要配合小狗的體格，訂下像
是以「三棵路樹」為準之類轉換速度快
慢的規則。

「捉迷藏鬼抓人」遊戲

1. 這是結合捉迷藏和鬼抓人的遊戲。
如果你躲起來，狗狗完全找不到你的
話，那就適時地發出短促的聲響提示，
這時要是被小狗發現，也要假裝逃跑。

★ 剛開始玩最好能夠躲在稍微會被狗
看到的地方，如果立刻被發現的話，則
可以改躲到壁櫥、棉被裡等，比較不容
易被發現的場所來提高遊戲難度。

2. 站在房門旁邊並把毯子舉高，然後
人躲在毯子後面，當鬆手把毯子放下
時，迅速往敞開的房間裡躲，這樣的遊
戲也能刺激狗狗的好奇心。

個性：體型小但很有活力、個性勇敢活潑、聰明伶俐
推薦空間：公寓／獨棟住宅／庭園住宅
運動量：普通
應注意疾病：骨折、嘔吐、腹瀉、心臟瓣膜疾病、心臟麻痺、膝蓋脫臼
掉毛狀況：多。如果把毛剃掉，那麼毛可能會無法長很多。（應每天梳毛）

5

Pomeranian
博美犬

博美犬是來自德國的雪橇犬，身體雖小卻很優雅，
尾巴有著非常豐富的裝飾毛，整個身軀都被華麗的毛髮覆蓋，
外觀看上去十分美麗。
也有人稱為「波美」或暱稱為「毛球」。

圓滾滾的小臉，小巧可愛的外貌。

毛茸茸討人喜愛的蓬鬆毛髮，讓人經常暱稱牠為「絨毛球」。

還以為是一團棉花在路上跑！

跑跑跑……

也有人為牠取了像是「毛球」「毛毛球」這類的可愛外號。

POM
x2

即使體型很小，但十分勇敢，且非常具有好奇心。

……

汪！

汪！

牠就是來自北方的雪橇犬後代，可愛的博美犬。

內心有著北歐雪橇犬的驕傲。

博美犬其實是德國絨毛犬的一種。

GERMAN SPITZ

德國絨毛犬的分類
德國絨毛狼犬→凱斯犬
德國大型絨毛犬
德國中型絨毛犬
德國小型絨毛犬
德國矮絨毛犬＝Zwergspitz→博美犬

「德國矮絨毛犬」就是我！「Zwerg」在德文中是小鬼、矮子的意思。

「絨毛犬」（Spitz）這個名字來自德國。

尖銳、銳利、敏銳

絨毛犬多有厚實的雙層毛，像狼一樣的尖耳與尖嘴、V字形的臉，往背的方向捲起、毛髮十分豐厚的尾巴，這些都是絨毛犬的特徵。

我們是來自北極地區的古老犬種，還有哈士奇、阿拉斯加犬、秋田犬、薩摩耶犬等分支。

博美犬容易和日本狐狸犬混淆。

哈囉？

博美犬
眼睛和鼻子距離較接近，鼻子較小，耳朵小巧且圓潤，嘴巴比較短。從小毛就很長、很多，腳上的毛會覆蓋到腳背，尾巴很直且貼著背部。

博美犬與日本狐狸犬的差異之處

日本狐狸犬
眼睛和鼻子距離比較遠，耳朵較尖且呈現三角形，鼻子比眼睛大。身體比例也呈現三角形，毛比較不那麼蓬鬆，尾巴則是往背的方向捲起。是體重介在6至10公斤之間的中型犬。

若想了解博美犬的由來，那就要回溯到很久以前冰島與拉普蘭區（歐洲最北端）的雪橇犬。

這些雪橇犬是由維京人帶至歐洲各地的。

哈哈哈，這些狗我們帶走啦！

推測自此之後，便發展出眾多絨毛犬品種。

博美犬的另一個名字「波美拉尼亞」，是來自波美拉尼亞（德國與波蘭北部的古地名）這個地區。

POMERANIA

一般認為，現在的博美犬就是在這裡被改良的。

雖然不是原產地，不過有很多博美犬在這裡誕生，而我們也被改良成比較小的體型。

可以說是第二故鄉吧

不過其實過去博美犬曾被當成牧羊犬，是一種體型偏大的犬種。

觀察18世紀所繪製的畫*，可以發現當時的博美犬應該是比現在的博美犬要大上許多。

或許是因為這樣，博美犬體型雖小，但個性卻像大型犬。

汪！汪！

這裡是我的地盤！走開！我要罵人嘍！

汪！！

有時候會勇敢地從高處跳下來而骨折，所以需要多注意喔！

骨頭很細，腳的骨骼脆弱！

啪嚓！

*〈威廉·哈雷特夫婦〉，托馬斯·庚斯博羅，1785。

18世紀時，現今德國北部有一個名叫梅克倫堡－施特雷利茨大公國的國家。

那裡的公主蘇菲亞‧夏洛特與英王喬治三世結婚，便帶了一對博美犬到英國。

我是第一個把博美犬帶到英國的人。

據說，當時博美犬在英國王室與貴族之間很受歡迎。

聽說這種狗在德國貴族之間很受歡迎？

夏洛特的孫女就是維多利亞女王，而她就是讓博美犬發展成現今面貌的主要推手。

我們女王很愛動物，還贊助全世界第一個動物福利團體SPCA，更設立了英國皇家防止虐待動物協會（RSPCA）呢！

維多利亞女王是著名的愛狗人士，在位64年期間養了超過15種的狗。

查理斯王小獵犬

斯凱㹴犬

邊境牧羊犬

她尤其寵愛晚年時養的博美犬馬可和圖利。

維多利亞女王是在1888年前往佛羅倫斯旅行時，遇見了馬可。

當時博美犬的體重介在9至14公斤之間。

大小跟現在的德國中型絨毛犬差不多。

馬可大約只有5.4公斤，非常小一隻。

〈女王早餐桌上的馬可〉
查爾斯‧伯頓‧巴伯

馬可又小又漂亮，甚至幫助牠贏得犬展的獎項。

對馬可愛不釋手的維多利亞女王，開始在歐洲各地蒐集體型小又漂亮的博美犬，對博美犬的品種改良與普及化帶來很大的影響。

帶回馬可的那一年，我又再次到佛羅倫斯去帶了三隻博美犬回來。

為了繁殖博美犬，我還建造了飼育場進行管理喔。

民眾開始關心這種備受女王寵愛的狗。

最近女王好像非常喜歡博美犬這種狗！

我也聽說了！

越來越多人喜歡馬可小巧可愛的樣子。

我也想養馬可！

真的好小、好可愛！

配種師（專業飼育者）十分努力創造像馬可這樣小巧可愛的博美犬。

來打造像馬可一樣小巧可愛的博美犬吧！

小博美　　小博美

更小的博美們

結果使得維多利亞女王在位期間，博美犬的體型縮減到原本的一半，顏色也變得更多樣，我們甚至可以說是託維多利亞女王的福，現代的可愛博美才有機會誕生。

一為%

馬可我呢，可以說是最早的明星博美喔！人氣一直居高不下，到1930年代博美都稱霸英國的犬展呢。

MARCO

早期博美只有白色、黑色、巧克力色而已。

據說是一直到1920年代，橘色的博美在犬展上獲得優勝，所以才開始有更多顏色。

現在的博美已經非常多元，所有的顏色、花紋都已經獲得育犬協會的承認。

GINA

TURI

1901年維多利亞女王臨終前，

把朵莉帶到我身邊來。

就是博美犬朵莉與家人一起陪伴在她身邊。

女王也留下遺詔，希望朵莉死後埋葬在自己身邊。

朵莉會在天國與主人相會的。

除了維多利亞女王之外，還有很多知名人士也喜歡博美

莫札特

馬丁·路德

米開朗基羅
據説他養的博美狗會坐在絲綢枕頭上，觀看他繪製西斯汀教堂屋頂壁畫。

瑪麗王后

拿破崙的皇后約瑟芬

富蘭克林·羅斯福

其中艾薩克‧牛頓養的博美非常出名。

鑽石是一隻奶油色的博美犬，常常會吃牛頓寫的手稿。

咀嚼　咀嚼

據說也是讓牛頓20多年來累積的實驗紀錄付之一炬的當事狗(?)，牠在牛頓外出的時候把燭台弄倒了！

呃

燒燒燒燒

但牛頓似乎並沒有責備闖禍的鑽石。

好吧，你沒事就好了，託你的福人類的進步又要更緩慢一點了。

哈哈……

不過也有一說是牛頓開著窗戶就出門，風把燭台吹倒才發生這起事故。

咻咻咻

呃啊！救命啊！

部分歷史學家主張牛頓根本沒有養狗。

他只把動物當成實驗工具，這樣的他根本不可能養狗。

應該是跟其他科學家的軼事混淆了吧。

此外還有基努‧李維、潔西卡‧艾芭等好萊塢明星，也都有養博美。

名媛派瑞‧希爾頓在2007年造訪韓國時領養了韓國的博美，這件事引起軒然大波。

為了紀念這趟韓國行，我將牠取名為「泡菜」，不過後來改名叫「瑪麗蓮‧夢露」了。

1912年鐵達尼號沉船時，也有與博美相關的紀錄。

當時鐵達尼號是全世界最大的船，共有12隻狗跟著頭等艙的客人一起上船。

我們必須支付一半的頭等艙金額才能上船喔。

其中獲救的狗共有三隻，分別是一度因無法和狗一起登上救生艇，而拒絕逃生的伊莉莎白・羅斯柴爾德與她所養的博美、用毯子把狗包住後，跟狗一起獲救的瑪格麗特・海耶斯與博美犬「小姐」，以及亨利與瑪麗・哈波夫婦飼養的「順圓」等。

只有能抱在懷裡一起逃生的狗才獲救，獲救的三隻狗中有兩隻是博美。

當時一位叫安・伊莉莎白・艾森的乘客上了逃生艇。

我的狗還在船上！

那隻狗不能上船！放棄牠吧！

因為他飼養的是大型的大丹犬，安最後選擇和狗一起留在鐵達尼號上。

我不能丟下這孩子自己一個人離開！

據說後來在鐵達尼號的罹難者當中，發現了一具與大狗抱在一起的女性遺體。

而近來較為著名的博美犬，是2015年創下兩項金氏世界紀錄的傑夫，以及被稱為「世上最可愛小狗」的Boo與Shunske。

我的名字是傑夫！我是能用兩腳最快走完十公尺的狗！前腳紀錄是7.76秒，後腳紀錄是6.56秒！

我有在流行巨星凱蒂・佩芮的音樂錄影帶〈Dark Horse〉中登場喔！

像Shunsuke這種圓臉的寵物美容技巧稱為泰迪熊剪，是最近寵物美容界的流行趨勢。

等等！博美在做寵物美容之前，要注意的事情很多喔！

等等！

首先，我們的毛只會長到一定的長度，所以不一定要做寵物美容。

只會維持茂密的程度！

還有，因為我們的皮膚較難承受紫外線與外界的熱，毛扮演保護我們身體的角色。

熱　UV

地熱

也有人說我們的毛再生能力先天就比較差，所以美容的時候最好還是多想一下再決定。

也曾經有狗發生一次把毛都剃光，結果再也長不出毛的慘劇⋯⋯

憂

鬱

悶

再加上美容的壓力會破壞荷爾蒙的平衡，導致我們更容易罹患皮膚病。

鬱

鬱

超討厭美容⋯⋯
不要把我的
毛剃掉⋯⋯
天啊壓力好大⋯⋯

鬱

如果把毛剃得很短，那最好盡量避開直射光線。

如果把毛剪得太短，就沒辦法隔絕外界的熱，反而會讓我們更熱。

哈

哈哈

博美的毛很細，所以如果過度梳毛的話，可能會發生毛整塊梳掉的狀況。

啊！
啊啊！

不要梳毛！
我不要！

唰
唰

只要每天用一字梳或是針梳細心梳理，就可以讓博美的毛更茂盛。

輕刷

輕刷

還有，最近「博美狐狸米克斯」這種狗非常流行。

Pomeranian + Spitz

就是博美與狐狸犬的混種喔！

過去也有人將狐狸犬歸類為白色博美。

這是純種的白色博美！是很貴的犬種！

只是幼犬，對方一定分不出來！

而現在博美狐狸米克斯這類的混血犬非常受歡迎。

混血犬擁有父母雙方的優點，強壯又聰明！

毛茸茸的可愛博美，就在這種備受寵愛的環境下成長。

外表可愛又小巧玲瓏，但內心其實擁有北極雪橇犬的勇猛，確實是一種非常有魅力的寵物。

一起來享受這毛茸茸的鬆軟毛球魅力吧！

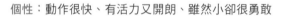

個性：動作很快、有活力又開朗、雖然小卻很勇敢
推薦空間：公寓／獨棟住宅／庭園住宅
運動量：少
應注意疾病：骨折、口腔炎、水腦症、氣管塌陷
掉毛狀況：多，有分長毛與短毛兩種

6

Chihuahua

吉娃娃

就像莎士比亞作品裡的「她的體型雖然很小，
卻非常凶猛」這句話一樣，
吉娃娃雖然是全世界最小的狗，但卻十分勇敢。

*阿茲特克（Aztec）：13至15世紀在墨
西哥中央高原發展的古文明。

根據墨西哥的阿茲特克*神話，在大洪水毀滅全世界時，

神拯救一對夫妻倖免於難，並交代他們。

你們必須只吃玉米穗。

不過這對夫婦卻抓了魚來吃。

只吃玉米過活太辛苦了，應該可以吃一點魚吧？

生氣的神將他們的頭砍了下來，改放在屁股上。

混帳東西！我不是說不准抓動物來吃嗎？那些魚是人變成的啊！

怒！！！

驚！驚！

而這兩人就成了狗的起源。也因為這個神話，阿茲特克人認為自己是狗的子孫，自稱為「奇奇梅克」。

這隻延續阿茲特克聞名的狗，也就是印證「辣椒還是小的辣」這句諺語的吉娃娃，讓我們來看牠的故事。

「世上最小的狗」吉娃娃，

名字來自於1950年代在墨西哥齊瓦瓦州發現的三隻狗。

據推測，這些自古以來就生活在中美洲墨西哥地區的土狗，

後來跟歐洲的狗交配，才成了現在我們看到的犬種。

墨西哥
土狗

歐洲犬種

中國犬種

關於吉娃娃的起源有很多說法，其中最有力的說法，是起源於一種名叫「太奇奇」（Techichi）的狗。

太奇奇起源說！

還有中國血統起源說、歐洲品種起源說

據說太奇奇是自古代馬雅文明時期起，就生活在中美洲地區的一種狗。

墨西哥奇琴伊察的庫庫爾坎神廟

在馬雅文明逐漸衰弱時，一支名叫托爾特克的部族登場，太奇奇便是他們飼養的寵物，據說是適用於神聖宗教儀式的狗。

象徵太陽的雄鷹雕像

太奇奇體型比現在的吉娃娃大，但身體構造十分相似，都屬於軀幹較小、尾巴較短，立耳且短毛的品種。

吉娃娃很可能是和居住在山上，頭較圓且尾巴較長的當地土狗混種產生。

綜合兩者的特徵，發現跟今天的吉娃娃非常相似！

托爾特克族相信太奇奇具有神祕的力量。

太奇奇擁有能窺視未來、治癒疾病的能力。

最重要的是，牠能夠免除死者的罪孽，平息神明的憤怒，並守護人們不受惡靈侵擾。

而且牠擁有特殊的能力，能平安地將人的靈魂帶領至另一個世界。

如上所述，太奇奇被認為是神聖的狗，也被用於祭祀。

有人去世時，太奇奇也會跟著殉葬。

請務必要引導我父親的靈魂到正確的地方。

13世紀時阿茲特克征服了托爾特克族，但阿茲特克族也接受了這樣的文化，後來演變成將遺骸與太奇奇一起火葬的風俗習慣。。

這種狗可以引導我們的靈魂？

嗯……

請務必跟著這隻太奇奇前往神明身邊。

16世紀後半葉，西班牙人征服阿茲特克族後，太奇奇才逐漸為世人所知。

第三次黃金遠征隊

據說克里斯多福‧哥倫布曾在寄給西班牙國王的信中提到太奇奇。

「我找到一種體型很小的狗，非常害羞且安靜，而且不怕人。」

但不知為何，在那之後太奇奇便跟著阿茲特克文明一起在歷史中漸漸式微。

一直到三百年後，被推測為太奇奇後代的我，也就是吉娃娃才終於登場。

除了太奇奇起源說之外，也有中國血統說和歐洲起源說。

世上竟有這麼小的狗！我要帶走！

有一些人主張西班牙的貿易商將中國小型犬帶至新大陸，

與墨西哥的土狗交配之後，才生下了現在的吉娃娃。

吉娃娃額頭上有一塊凹陷，這也是馬爾他島小型犬身上會有的特徵。

這裡

而人們也在波提且利於發現新大陸之前所作的畫*當中，發現跟吉娃娃相似的狗！

* 波提且利的〈摩西的試煉〉（1482）一部分。

91

下列的文物都是與吉娃娃相似的狗，明顯地告訴我們這些狗都在中美洲生活超過千年。

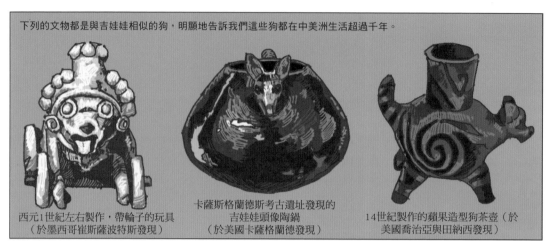

西元1世紀左右製作，帶輪子的玩具
（於墨西哥崔斯薩波特斯發現）

卡薩斯格蘭德斯考古遺址發現的
吉娃娃頭像陶鍋
（於美國卡薩格蘭德發現）

14世紀製作的蘋果造型狗茶壺（於
美國喬治亞與田納西發現）

綜合多種說法，推測應該是太奇奇和來自中國、歐洲的犬種交配，然後才生下今天我們所看見的吉娃娃。

等等！吉娃娃和蘋果、鹿頭有什麼關係？

APPLE

DEER

蘋果頭是指蘋果圓滑的弧線，也就是指吉娃娃擁有和蘋果一樣圓滑的額頭。

圓滑　圓滑

我的額頭很圓，嘴巴很短！

順帶一提，蘋果頭型的吉娃娃也因為這種頭型而容易有難產的問題。

孩子的頭太大太圓，生產的時候很辛苦！

吉娃娃的另外一種鹿頭造型，是像鹿一樣呈細長型的頭蓋骨。

我們的嘴巴比較長，而且比較突出。

長

據說這種吉娃娃和古代種比較接近，也比較少有遺傳疾病的問題。

Mr. 壯壯

或許是因為吉娃娃來自廣闊的墨西哥高原，

所以身體雖小卻非常大膽。

你這大笨瓜，我一點也不怕你！

……

而且好勝心很強。

什麼？你說你鼻孔比我大？沒有吧？我比較大吧？要量量看嗎？來啊！

像是為了保護孩子，勇敢跟兩隻比特犬對抗的吉娃娃「曼徹斯」。

這孩子我來保護！走開!!汪汪汪！汪汪！汪！

汪汪！汪汪！

還有讓闖入店內的武裝強盜空手而歸的小英雄「帕克」等，我們經常能聽到吉娃娃展現勇猛英姿的故事。

驚！

呃呃呃！咔咔咔！什麼！你們是入侵者嗎？滾！你們是想被我咬嗎？

汪汪汪！

快跑吧！

給我站住！汪！汪！

汪！汪！汪！汪！汪！汪！汪！汪！汪！汪！咪汪！

就像這樣，吉娃娃和可愛的外表不同，對陌生人警戒心很強。

不管是誰，只要有誰敢動我吉娃娃，我絕對讓他嚇破膽！

也因為自尊心很強，所以需要從小接受持續且紮實的訓練。

啊，原來這樣做就會被稱讚啊！以後我也要這樣做！

就是這樣，好乖，做得真好！

而且吉娃娃嫉妒心很強，會想要霸占主人。

姊姊的膝蓋是我的，只有我可以坐！

滿足

但一方面也很獨立，就算獨處也不太容易有壓力。

滾滾滾……

擅長自己玩耍的高手

運動量不算太大，所以很適合養在城市裡。

只要短短散步一下，就能夠晒晒太陽、轉換心情！

吉娃娃分為毛又短又密且非常滑順的短毛種，以及有裝飾毛（裝飾頸部、胸部、耳朵、腿等部位的毛）的長毛種兩種。

短毛吉娃娃

長毛吉娃娃

兩種都來自熱帶國家，非常怕冷，所以一定要養在室內，也要多注意保暖問題。

墨西哥齊瓦瓦州甚至有「齊瓦瓦自治大學」，顯示吉娃娃在當地受到全國人民的喜愛。

還有用我們的名字取名的大學喔！

就是說嘛。

墨西哥連鎖餐廳Taco Bell還找了一隻名叫「奇傑」的吉娃娃來當廣告模特兒，受到廣大的喜愛。

我是Taco Bell的吉祥物，掀起一股吉娃娃熱潮呢！

¡Yo Quiero Taco Bell!

2009年15歲的奇傑過世，Taco Bell 甚至發了聲明表達哀悼之意。

向奇傑的家人與粉絲 表達哀悼之意。

奇傑跟麥可·傑克森一起被《生活》雜誌選為「2009年逝世明星」，可見牠 是一隻非常具有影響力的明星狗。

天啊！是麥可·傑克 森吧，居然在這種地 方見到你。

吉娃娃自1890年代起出口至美國。

在美國被改良得 更小，最後成了 現在的樣子。

所以也有人說 吉娃娃是來自 美國的狗。

好萊塢巨星瑪麗蓮·夢露，

擁有「倫巴之王」稱號的創作歌手 沙維爾庫加都有養吉娃娃，也使得 吉娃娃聲名大噪。

現在成了全世界最受歡迎的犬種之一。

天啊～是可愛的 吉娃娃耶！

我家也是養 吉娃娃喔！

吉娃娃小巧的體型與獨特的外貌，讓牠們變得很有特色。

吉娃娃曾經是迪士尼電影《比佛利拜金狗》（2008）的主角。

也在電影《金髮尤物》（2001）當中演出。

還曾經以作家身分出版《Tinkerbell Hilton的日記》（2004）。

我是派瑞絲・希爾頓養的吉娃娃，小仙子・希爾頓，讓我說我的故事給你聽。

由於是世界上體型最小的犬種，所以也擁有「全世界最小的狗」這個頭銜。

2014年創下紀錄的米利，身高9.65公分，出生的時候體重只有28克，是可以放進茶杯裡的尺寸。

2005年創下紀錄的布蘭蒂，從鼻子到尾巴的長度是15.2公分，是體長最小的吉娃娃。

在這些知名的吉娃娃當中，有一隻半身不遂、聲帶受損且被裝在箱子裡丟棄在紐約街頭的「沃利」。

沃利在動物醫院等了很久，最後終於遇到黛波拉。

我半身不遂根本不能走，也無法發出聲音……

她幫沃利做了輪椅，讓沃利能夠靠自己的力量移動。

而開始能夠自己跑、跳的沃利，展現出天真無邪的模樣，也治癒、感動了很多人。

可以自由地跑跳，好開心！好幸福！

連這麼小的狗都沒有被打倒，最後找到了幸福……

沃利現在在醫院、學校、復健中心等機構擔任心理治療犬。

看著沃利我就覺得有希望。

一起玩吧！

許多媒體和書籍紛紛介紹沃利的故事，也帶給更多人勇氣。

我們一起加油！

就像這樣，吉娃娃尺寸雖然很迷你，卻勇敢又活潑。

我們是小偷應該敬而遠之的犬種前幾名喔！

很有個性，總是「以自己為主」的態度獲得眾人的喜愛。

今天心情很好，就特別允許你摸摸我！

自古以來就能引導人們的靈魂前往安息之處。

相信我，跟我來吧！

現在仍是帶給人們幸福，具有神奇力量的吉娃娃。

就配著〈恰恰恰吉娃娃〉這首歌，一起盡情享受吉娃娃的可愛夢幻吧！

恰恰恰！恰恰恰！
我是恰恰恰吉娃娃
我是村子裡最小的狗
我不會到處走
大家都抱著我

當我還是小狗時
我沒有大過杯子
當我長大後
還是沒改變！

恰恰恰！

我是恰恰恰吉娃娃
大家都說我可愛
我能鑽進手提包
或放在衣服口袋裡

我有點睏
好像到了午睡時間
我是恰恰恰吉娃娃
我來自墨西哥

恰恰恰！

我是恰恰恰吉娃娃
我不害怕吵架！
還曾經咬過大丹犬
雖然牠好像一點感覺也沒有

你可能以為我很小
但是主人啊！越小的辣椒就越辣！

恰恰恰！

我是恰恰恰吉娃娃
我能為你守護這個家
或許我抓不到小偷
但還是能幫你抓一兩隻老鼠

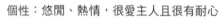

個性：悠閒、熱情，很愛主人且很有耐心
推薦空間：公寓／獨棟住宅／庭園住宅
運動量：普通
應注意疾病：急性支氣管炎、肺炎、脂漏性皮膚炎、白內障、眼球突出、肥胖
掉毛狀況：多

7

🐾

Pug
巴哥犬

好像被人壓扁的鼻子、亮晶晶的眼睛，
就像一隻泰迪熊一樣的巴哥，
不疾不徐的個性就是牠的魅力。

大家各選一隻狗吧。

電影《金牌特務》

要隨身帶著這隻狗，好好照顧、教導牠們。當狗訓練完成的時候，你們的訓練也結束了。

來，選吧！

巴哥？

嗚……

牠不是鬥牛犬嗎？以後應該會長更大吧？

??

搖頭
搖頭

喔，糟了！

但他沒選錯。

JB！走吧，快點！

嗚嗚

巴哥過去在西藏與中國被推崇為神聖的獅子狗，是只有皇室才能飼養的高貴「王犬」！

據推測，巴哥是在西元前400年前出現。

是我這巴哥爺爺的爺爺的爺爺的爺爺的爺爺的爺爺的爺爺的爺爺的爺爺的爺爺的……

一般認為可能是臉型較為扁平的西藏獒犬縮小版。

也被稱為獅子狗（中文叫做「藏獒」）。

或是從短毛的北京犬發展而來。

沒人知道真正的起源是什麼。

基因上較為相似的狗是比利時布魯塞爾格林芬犬。

哈囉！我們第一次見面吧？

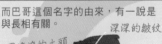
Brussels Griffon

或是小布拉班特獵犬。

雖然是第一次見面，但感覺很熟悉。

Petit Brabancon

也發現跟現在已經消失的中國哈巴狗有關聯。

我也是北京犬的祖先。

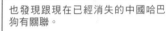
Chinese Happa Dog

而巴哥這個名字的由來，有一說是與長相有關。

深深的皺紋
圓滾滾的大頭
扁扁的嘴巴

也有一說是因為牠長得很像握緊拳頭的樣子，所以名字是源自於拉丁文當中意指拳頭的「Pugnus」。

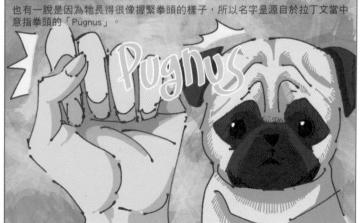

Pugnus

還有一個說法是源自於中文當中的「霸響」，意指「睡覺會打呼的皇帝」，也可能是因為長得像一種叫做「Pug Monkey」的小猴子，所以才叫做「Pug」（巴哥）。

據說18世紀時，英文中的pug有「熱情可愛」的意思。

所以應該是因為牠個性十足的長相、超會撒嬌又幽默的個性，才會取名為巴哥。

我想躺著，但又想玩～

臉上的皺紋看起來就像漢字中的「王」，所以巴哥在中國被當成皇室犬飼養。

嚴格禁止攜出宮外。

將神聖獅子狗帶到宮外的傢伙將處以死刑！

16世紀，荷蘭東印度公司的商人首次將巴哥帶到歐洲。

偷偷帶進來！

荷蘭

德國

比利時

巴哥甚至成為現在的荷蘭王室奧蘭治（Oranje）的吉祥物。

公爵的巴哥很不得了吧？

我也聽說了！是個很特別的傢伙！

有著沉默者這個外號，被尊為荷蘭獨立之父的奧蘭治親王威廉一世（1533～1584），

就養了一隻名叫「龐貝」的巴哥。

居然要到外面露營，那就要好好保護主人！

某天晚上，龐貝突然衝進來叫醒威廉一世。

主人！快起來！有危險！！

驚！

也多虧了牠，威廉一世才能從西班牙殺手手中撿回一命。

可惡！他居然醒了！都是因為那隻該死的狗！

我們還是先逃吧！

逃！逃！

由於這件事，巴哥開始受到荷蘭貴族的喜愛！

噔──愣──！！

威廉一世後來主導革命，成功建立荷蘭共和國，並成為第一代總督。

巴哥就跟象徵奧蘭治家族的橘色一起，成為荷蘭王室的吉祥物。

就算來到歐洲，我仍然是王家的狗！

105

1689年威廉三世與瑪麗二世共同登上英國王位時，

威廉三世帶了好幾隻巴哥到英國，牠們的脖子上都繫有象徵奧蘭治家族的橘色緞帶。

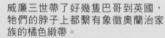

汪汪汪！

這也使得巴哥成了政治、宗教的象徵。

當時英國最受歡迎的狗是查理斯王小獵犬。

呵，英國最美的狗就是我！

哇！！

但巴哥的人氣勝過牠，獨佔富裕階層的喜愛。

1ˢᵗ

據說小獵犬帶有的扁臉基因，也是在這時候受到巴哥的影響。

聽說我的高祖父是非常厲害的巴哥先生喔！

18世紀巴哥開始在全歐洲盛行。

瑪麗·安東妮在和路易十六結婚之前，也有一隻非常心愛的巴哥。

哈囉，莫布斯，你今天也好可愛！

但因為當時慣例上奧地利的物品不能進入法國國境，所以她只能與莫布斯分離，這讓她非常傷心。

主人……

莫布斯……

拿破崙的妻子約瑟芬也養了一隻叫「幸運」的巴哥。

她因法國大革命入獄時，這隻巴哥是唯一被允許的探訪者。

牠扮演祕密傳遞家族訊息的傳令兵。

把信藏在項圈底下，希望能夠送到……

好！請相信我！

據說牠總是獨占約瑟芬，惹得拿破崙非常討厭牠。

汪汪汪！吼吼吼吼吼！你走開！

還有，在義大利會讓巴哥穿得跟馬車夫一樣一起乘坐馬車。

我是馬車的駕駛！

哐啷啷
哐啷啷

在軍隊裡負責警戒與追蹤任務。

嗅嗅嗅

觀察歐洲名畫，就能窺見當時巴哥在歐洲的人氣。

德魯耶〈德貝度納侯爵的孩子與狗玩樂〉1761

蒂索〈船上的年輕女子〉1870

童克〈西維德拉芮的肖像〉1810

法蘭西斯科・哥雅的畫*中也出現過巴哥。

還綁著可愛的緞帶、戴著鈴鐺！

18世紀英國的諷刺畫家威廉・賀加斯，也經常畫他的寵物狗川普。

進入19世紀之後，巴哥受到英國維多利亞女王的寵愛，變得更受歡迎。

我經常出現在畫作或明信片中。

也被製作成玩偶！

維多利亞女王喜歡淡黃褐色的巴哥，也養了很多隻。

更將這些巴哥生下的小狗分送給王室成員。

受到這個舉動的影響，一直到19世紀末期，淡黃褐色的巴哥都很受歡迎。

大大的緞帶是我們必備的單品！

後來熱愛巴哥的英國貴族布瑞賽小姐引進黑色的巴哥。

據說是她到中國旅行時發現並帶回英國的！

南北戰爭之後黑色巴哥受到歡迎，並漸漸擴散到全世界。

全世界最浪漫的男人溫莎公爵對巴哥的喜愛也非常出名。

溫莎公爵與辛普森夫人跟11隻巴哥一起生活。

> 這些狗兒就像我的孩子一樣。

牠們穿的是薩佛街（倫敦的知名西裝街）裁縫師製作的頂級羊毛大衣。

> 這就是紳士的品格，態度造就不凡的巴哥！

公爵夫人喜歡以巴哥為發想製造的裝飾藝術品。

床鋪的下緣，放了以刺繡刺上巴哥圖案的抱枕。

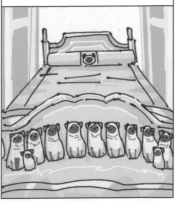

據說總是在溫莎公爵寢室陪伴他的巴哥「黑鑽石」，在溫莎公爵去世前兩週突然離開家。

後來又在深夜溫莎公爵辭世當天回到床邊，與溫莎公爵做最後的道別。

> 我們來生再見吧……

還有另一位知名的巴哥愛好者，他就是義大利時尚天王設計師范倫鐵諾·格拉瓦尼，他曾經以寵物狗巴哥「Oliver」的名字推出第二個品牌。

Valentino
Garavani

他的巴哥不僅有專屬的管家，

各位巴哥，用餐時間到了。

旅行的時候也希望能帶著牠們，甚至幫牠們準備了專屬車輛。

今天要去哪玩呢？

2009年拍攝的紀錄電影《范倫鐵諾：時尚天王》當中，記錄了穿著范倫鐵諾紅色洋裝的模特兒與巴哥一起拍攝的樣子，對他來說巴哥就是生活的一部分，也是無可替代的可愛存在。

產品怎麼樣不重要，我們家的小狗才是最重要的。

但我們以前其實長得跟現在不太一樣喔，大家知道嗎？

19世紀初期，大多數的巴哥還是這樣的。

剪耳

又小又窄的頸

較纖瘦的身體

嘴比較長，不像現在是嚴重的朝天鼻

長腿

剪耳朵這個行為，在維多利亞女王時代被禁止了！

當時巴哥分為兩個血統。

Willoughby Morison

分別是「莫里森」（Morison）血統，

只有嘴巴是黑色

背上有亮褐色的線條

我們背上有一條從頭延伸到尾巴，顏色非常淺的線。

矮胖的身體

又亮又淺的金黃色（也稱作伊莎貝拉）

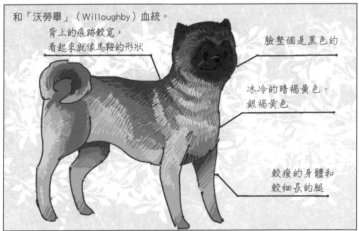

和「沃勞畢」（Willoughby）血統。

背上的痕跡較寬，看起來就像馬鞍的形狀

臉整個是黑色的

冰冷的暗褐黃色、銀褐黃色

較瘦的身體和較細長的腿

據推測，這些黑毛的基因是從來自俄羅斯的巴哥身上遺傳下來的。

黃毛的末端有時候也會變成黑色！

1960年英法聯軍進攻北京，掠奪皇帝的別宮圓明園時，

石平石平石平！

把好東西都帶走！

兵兵！

當時的巴哥和北京犬被帶到英國去，而巴哥的外形也開始在這時出現重大改變。

哈哈！狗也要帶走！

HA HA HA HA HA HA

這是自16世紀初幾隻巴哥被帶出中國之後，第一次有巴哥被帶到國外。

這傢伙是中國皇室的原產巴哥！

這兩隻名叫萊姆與莫斯的中國純種巴哥，

很快生下一隻叫做克利的小狗。

懶洋洋 蠕動

簡單來說，牠就是血統高貴的皇室之子。

克利接著便和莫里森和沃勞畢兩種血統的巴哥交配。

希望我家的巴哥可以和克利交配！

我也是！克利是最棒的女婿！

我也要！

我也要！

我也要！

漸漸地，巴哥便成為今天這樣嘴巴短、身軀矮胖的模樣。

臉和背上的痕跡是黑色且面積較寬

雖然現在區分兩種血統已經沒有意義了，不過還是可以從外形推測是哪一種血統的巴哥喔！

溫暖的亮褐黃色則是莫里森血統

毛呈現冰冷暗褐黃色的是沃勞畢血統

由於個性十足的長相加上獨特的魅力，巴哥無論到哪裡都很引人注目。

電影
〈MIB星際戰警〉

尤其在《MIB星際戰警》中的法蘭克探員更是不容忽視的存在！

!!!

哼！

牠輕鬆又調皮，有時候會做一些誇張的行為來博君一笑，很有魅力。

呵呵呵呵呵

噓噓噓

牠身上留有來自皇室獅子狗的高貴血統，
是皇帝所愛的「王之犬」巴哥。
如果你有機會成為「王者」，並有權能夠選擇，
那麼各位會不會也順應命運的安排選擇飼養巴哥當寵物呢？

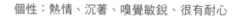

個性：熱情、沉著、嗅覺敏銳、很有耐心
推薦空間：公寓／獨棟住宅／庭園住宅
運動量：普通
應注意疾病：外耳炎、白內障、椎間盤問題、肥胖
掉毛狀況：多，有分長毛種與短毛種

8

Dachshund
臘腸犬

催生「熱狗」這個詞的香腸犬，
可愛的臘腸犬有著長長的腰和短短的腿，
是超有吸引力的「獵獾犬」。

1900年代初，紐約馬球競賽場前。

熱騰騰的獵獲香腸喔，快來買～

獵獲香腸？

就是法蘭克香腸的外號啊，是用麵包把香腸夾起來的吃法喔。

怎麼感覺有點可愛？

Dachshund

當時是《紐約日報》漫畫家的T・A・道格把他的想像畫成圖。

我不知道這個單字的正確拼法，所以就寫成「熱狗」吧！

Hot do

從這時起，用麵包夾住香腸的這種食物就被叫做熱狗了。

催生出熱狗這個名稱的「香腸犬」，讓我們來了解一下可愛的臘腸犬吧！

長長的身體，短小可愛的腿！

有個專有名詞叫做
「胴長短足」！

這種身體的特徵，讓牠們更適合用於
狩獵像是獾等躲藏在地底的動物。

臘腸犬在德文中是「獾獵犬」的意
思。

Dachs 獾

Hund 獵犬

在德國也叫做
「Teckel」。

古埃及的畫中可以發現與臘腸犬類
似的生物，所以有人推測臘腸犬是
源自古埃及的犬種。

但一般認為，香腸犬是18至19世紀時，德國將狗改良成更適合鑽入狹窄洞
窟，在洞穴內移動的狗時誕生的犬種。

我的臉和身體都細長狹
窄，而且也很勇敢，不會
被獾這些傢伙給嚇跑！

吼吼吼吼

臘腸犬不僅獵獾，也是能夠狩獵狐狸、貂，甚至是能狩獵
野豬的勇猛獵犬。

那裡！汪！
站住！汪！

噠噠噠噠

汪！

汪！

汪汪！

別放過
牠！

也因為牠外表獨特又可愛，所以自19世紀起就被當成寵
物飼養。

當時也有香腸犬
或維納狗（維也納
香腸）等可愛的
外號！

但這可愛的外表，其實是非常適合狩獵的條件！

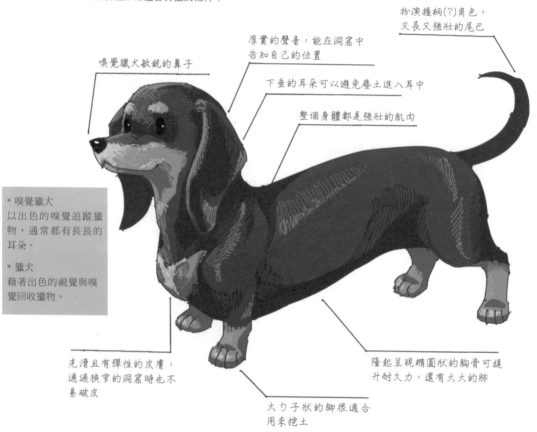

扮演握柄(?)角色，
又長又強壯的尾巴

厚實的聲音，能在洞窟中
告知自己的位置

嗅覺獵犬敏銳的鼻子

下垂的耳朵可以避免塵土進入耳中

整個身體都是強壯的肌肉

* 嗅覺獵犬
以出色的嗅覺追蹤獵
物，通常都有長長的
耳朵。

* 獵犬
藉著出色的視覺與嗅
覺回收獵物。

光滑且有彈性的皮膚，
通過狹窄的洞窟時也不
易破皮

隆起呈現橢圓狀的胸骨可提
升耐久力，還有大大的肺

大勺子狀的腳根適合
用來挖土

臘腸犬是從獵犬當中，挑選腿較短的
犬種改良而成。

媽媽，
我的腿為什麼
這麼短？

因為爸爸跟媽媽的
腿都短啊！

推測是混合了德國短毛指示犬、迷你品犬、小型法國指示犬、尋血獵犬、巴吉
度獵犬等犬種的血統。

尤其被暱稱為
「Hush Puppies」的
巴吉度獵犬，在培養
的過程中扮演重要
的角色。

過去臘腸犬的尺寸比現在更大，但因為要做狩獵用，所以才開始出現很多不同的尺寸。

再加上原本的軟毛種，讓臘腸犬多出了兩個不同的品種。

狩獵豺或野豬，13～16公斤

狩獵狐狸或鹿，7～10公斤

狩獵兔子或鼬，4～5公斤

狩獵棉尾兔，2公斤

毛的類型不同，臘腸犬的特色也會有一點不一樣！

追溯回去會發現這是因為祖先的品種不同。

要不要介紹一下？

光亮毛（短毛）

我跟人類很親近，開朗、活潑的個性就是我的特色！

長毛

據說我的祖先是西班牙獵犬。我個性溫和、安靜又溫柔，喜歡撒嬌。

剛毛（硬毛）

我身上流有雪納瑞和㹴犬的血，是個頑皮鬼，好奇心很旺盛，非常喜歡惡作劇。

但因為臘腸犬的身體太長，所以很容易有椎間盤的問題。

椎間盤突出變嚴重的話，還會導致下半身麻痺喔。

渾身無力

再加上臘腸犬容易發胖的體質，飼養時必須注意不要讓牠們變胖。

嚼嚼嚼

吃吃吃吃

但如果太瘦也容易長骨刺，所以最重要的就是以適當的進食和運動做搭配！

有一隻因為肥胖而出名的臘腸犬。

35公斤的臘腸犬「歐比」

歐比的尺寸是一般臘腸犬的兩倍，因為體重實在太重，導致牠根本無法走路，只能躺著生活。

肉在地板上磨蹭而產生厚繭

會變得這麼胖，是因為我吃很多高熱量的人類食物。

因為過度肥胖而危及生命，最後是獸醫師諾拉領養了歐比，並幫助牠展開減肥計畫！

Before

After

只用一年的時間，就從35公斤瘦到11公斤，足足少了24公斤！

很多因為過度肥胖而決定減肥的人，都從歐比身上獲得了力量。

為了健康著想，大家一起努力！

各位有看過這幅畫嗎？

這幅知名的線條畫，是畢卡索在畫他的寵物蘭普。

立體派大師畢卡索

蘭普原本是畢卡索的朋友鄧肯養的臘腸犬。

攝影記者大衛，道格拉斯，鄧肯

鄧肯養的另外一隻阿富汗獵犬嚴重嫉妒蘭普。

喂，短腿！討厭鬼！

打！

一直在畢卡索身邊記錄他的私生活與藝術活動的鄧肯，

哦……是這樣嗎？

對。

有一次帶著蘭普去拜訪畢卡索。

蘭普就像來到人間天堂一樣，非常喜歡畢卡索住的地方。

畢卡索爺爺家最棒了！

畢卡索也非常喜歡蘭普。

那蘭普可以讓我來養嗎？

POUR LUMP
Picasso
Cannes 17.4.57.

畢卡索非常愛惜蘭普，也經常把牠放在自己的作品中。

普通的
狗奴

在畢卡索重新詮釋維拉斯奎茲的〈侍女〉的作品中，他用活潑的蘭普取代那隻沒有表情的大型犬。

這個系列爺爺畫了好幾十張，我都有出現喔。

畢卡索無論去到哪裡都帶著蘭普。

甚至還出版了畢卡索與蘭普合照的攝影集。

PICASSO & LUMP
David Douglas Duncan

蘭普在畢卡索93歲逝世的前十天，以17歲高齡離開這個世界。

還有另一位熱愛臘腸狗的藝術家，他就是普普藝術大師安迪·沃荷。

他無論去哪裡都會帶著寵物狗「阿奇」，舉例來說像是餐廳。

讓狗趴在膝蓋上，並藏在餐巾下面

工作室就不用說了，展覽和訪問時也都會帶著牠同行。

這是我的小可愛，阿奇。

他甚至為了阿奇放棄倫敦旅行。

對我來說，阿奇比旅行更重要。

在畫家傑米·韋耶斯為他畫的肖像畫中，也可以看到安迪·沃荷與阿奇一起的樣子，就能知道他們無法離開彼此。

為了讓阿奇交到朋友，後來他又養了另一隻臘腸犬阿莫斯。

我們是朋友！

還有出版《Dog Days》這本記錄跟小狗一起工作情況的畫集。

熱愛臘腸犬的藝術家與知名人士還有很多，像是英國普普藝術畫家大衛‧霍克尼，也以他養的史丹利和布奇為主題，繪製了很多作品。

像是瑪麗蓮‧夢露、克林‧伊斯威特、伊莉莎白‧泰勒、蒂塔‧萬提斯等演員，

還有維多利亞女王、林肯、約翰‧F‧甘迺迪等名人，也都是臘腸犬的愛好者。

臘腸犬的獨特外形，總是能帶給人們許多靈感。

舉辦個這類型的大會怎麼樣？

美國俄亥俄州辛辛那提的啤酒節「辛辛那提慕尼黑啤酒節」，每年都會舉辦很特別的賽跑。

那就是由穿著熱狗衣服的臘腸犬彼此競爭的「臘腸犬賽跑」，又名「奔跑的香腸大賽」。

每年都會有一百隻臘腸犬參加這場比賽，進入最終決賽的九隻臘腸犬必須穿著香腸的衣服比賽。

這顯示臘腸犬是非常有能力的獵犬，同時也因獨特的外形而引人注目。

天啊，牠怎麼這麼可愛？

尤其備受藝術家喜愛，更出現在不同媒體上，是存在感十分強烈的狗。

還記得《玩具總動員》中的彈簧狗嗎？

臘腸犬蹦蹦跳跳的可愛步伐，能夠讓人感到十分幸福。

跳！
跳！
跳！

而讓藝術家將牠們奉為繆思的……

閃亮亮

今天就為我作畫如何？

是那優雅又開朗的外表，

↑
超漂亮
腿短又很可愛
↓

以及聰明且熱情的個性。

♪
擦擦

哇喔～又有水灑到地上了！

在牠們身邊，不就像是擁有一位超級好朋友嗎？

這裡要不要更簡單一點？

好！我贊成！

遇到臘腸犬的話，試著看看牠熱情的眼睛，溫柔地和牠說話吧。
或許你會浮現前所未有的全新藝術靈感也說不定。

個性：機靈、活力旺盛、友善開朗
推薦空間：公寓／獨棟住宅／庭園住宅
運動量：普通
應注意疾病：白內障、心臟病、糖尿病、膀胱癌、癲癇
掉毛狀況：偏少

9

Schnauzer
雪納瑞

雪納瑞嘴邊蓬鬆的毛，
為牠贏得在德文中代表「鬍鬚」之意的名字，
可愛的臉和穩重的個性，都是牠最迷人的地方。

外號「三大惡魔犬」之一，總是充滿活力的雪納瑞。

噠噠噠噠

但那是因為大家不了解雪納瑞的個性，才有這樣的誤會喔。

冷——靜

雪納瑞本來就好奇心旺盛，同時又對主人十分忠誠。

請儘管吩咐！

願意做任何事！

雪納瑞是血氣方剛又聰明的工作狂，讓我們一起來了解牠吧！

就算沒有任何刺激，只是待在家中，也會突然開始搗亂。

既然沒事做，那我就把地板整個拆下來吧！

嘰咿咿！

雪納瑞自15世紀起，就是德國巴伐利亞地區飼養作為工作犬的狗。

德國

巴伐利亞

但無法得知正確的起源是哪裡。

一直到19世紀後半，都不是叫做雪納瑞，而是叫做「剛毛指示犬」。

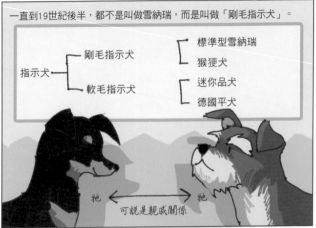

指示犬 ┬ 剛毛指示犬 ┬ 標準型雪納瑞
　　　 │　　　　　 ├ 猴狒犬
　　　 │　　　　　 ├ 迷你品犬
　　　 └ 軟毛指示犬 └ 德國平犬

牠 ← 可說是親戚關係 → 牠

自1897年舉辦的犬展上，獲得優秀成績並獲得獎項的狗被稱為雪納瑞之後，這種狗才被稱為雪納瑞。

雪納瑞是德文。

Schnauze

這個字是源自指稱動物嘴巴的單字。

因為雪納瑞嘴邊有著獨特的鬍鬚，所以才有這個名字。

雪納瑞的祖先推測是平犬、灰狼狐狸犬、貴賓犬的混種。

Wolf
Spitz
Pinscher
Poodle

雪納瑞可依照大小分為三種。

我是最經典的標準型雪納瑞。

我是將標準型改良得更小的迷你雪納瑞！

最後是將標準型改良得更大的巨型雪納瑞！依序來看看差別吧！

個性好又活潑、率直且非常謹慎。
對小孩很溫柔，會為家庭奉獻，自尊心很強，
性情就像活力旺盛的小孩子。

高度：45～50公分
體重：14～20公斤
毛色：黑色、椒鹽灰

雪納瑞不僅會保護、照顧家畜，更可以看家、驅除害蟲。

銅牆

鐵壁

咩咩咩～

咩

咩咩羊～

而且食量不大，也不需要太大的空間，是隻體型非常適中的工作犬喔。

牠們會拉推車。

甚至還可以照顧小孩，是農場生活不可或缺的存在。

照顧獨自留在家中的小孩也是我的工作！

真是沒時間休息！

保母
（kinderwatchter）

第一次世界大戰發生後，在農場工作的雪納瑞就被徵召作為警備犬、通信犬、救助犬等軍用犬。

我獲命從今天起派駐這個部隊！我原本是在農場工作的！

挺！

也曾被編入紅十字會，在危險萬分的戰場上擔任傳令的角色。

砰！

砰！！

戰爭結束之後，則在廣受庶民歡迎的捕鼠遊戲中嶄露頭角。

抓牠，快抓住牠！

哇一

哇哇一

19世紀一位農夫為了飼養專門捕捉老鼠的雪納瑞，便將雪納瑞改良得更小。

要用來捕鼠的話，牠的體型實在是太大了，改小一點不知道怎麼樣？

於是就發展出了迷你雪納瑞（矮雪納瑞），是三種雪納瑞當中最受歡迎的類型，雖然不太容易親近陌生人或是沒禮貌的人，不過一旦敞開心胸，就會非常友善。

高度：33～36公分
體重：6～7公斤
毛色：黑色、銀黑色、椒鹽色、白色

迷你雪納瑞推測是標準雪納瑞跟猴狍犬，

雖然很少見，但我跟雪納瑞是親戚關係喔。

或是跟小貴賓犬、博美犬配種生下的。

哈囉！

我負責可愛的基因！

現存紀錄中最早的迷你雪納瑞，是一隻叫做芬德爾的母狗。

我1888年出生，是88年生的芬德爾。

因為肌肉很結實，所以體型雖小但體重卻很重。

天啊！

沉重——

開朗又聰明，以小型犬來說具備十分有魅力的特徵。

汪汪！

一起玩嘛！我會咬回來，你快丟！

最後則是最大的巨型雪納瑞。

哇，這傢伙真的好大。

對吧？牠真的發育得非常好。

德國西南部的司圖加特

如果是要顧牛的牧牛犬，那體型大一點會比較好吧？

135

於是該地區便開始讓大狗交配，進而培育出結實又強壯的巨型雪納瑞。

巨型雪納瑞的爸爸候選人
灰色大丹犬＋法蘭德斯畜牧犬＋指示犬

＊ 拜恩和符騰堡屬於慕尼黑與斯圖加特，位置在德國南部。

因為慕尼黑產很多巨型雪納瑞，所以也被稱為「慕尼黑髥犬」。

主要是在拜恩和符騰堡地區＊被廣泛地飼養。

Münchener

又被稱為里森雪納瑞的巨型雪納瑞。

冷靜又聰明，勇敢且具責任心。感覺十分敏銳，相當保護自己的地盤，也有強烈的防禦本能，很愛家庭。

高度：60～70公分
體重：29～41公斤
毛色：黑色、椒鹽色

巨型雪納瑞的骨骼強壯、肌肉結實，而且毛長得密密麻麻，很能夠適應氣候變化。

我們很強壯，甚至能夠驅趕牛群呢！對天氣還有疾病的抵抗力也非常強喔！

噠噠

噠噠

不僅被用於務農、畜牧，更擔任肉鋪、飼育場、釀造場的警備犬。

為你的安全負責。——巨型雪納瑞

被訓練成為警備犬與軍犬的雪納瑞，也非常活躍於戰場。

耀

眼

不過在戰爭中大量犧牲，還面臨差點要絕種的危機呢。

嗚嗚……

現在則仍然作為警備犬、毒品緝查犬、爆裂物探測犬、救助犬活動。

閃

一亮

我一直都是這麼有用的狗，不用這麼驚訝吧？

也跟德國牧羊犬一樣，仍然是德國最受歡迎的工作犬。

再加上個性好、溫馴，所以雖然塊頭很大，但還是很適合養在家中。

你已經維持這姿勢好幾個小時了，難道你是玩偶嗎？

……不是。

雪納瑞在德國是歷史悠久的犬種，其肖像甚至還曾經被做成郵票。

1970年發行的巨型雪納瑞郵票

來自德國巴伐利亞邦的畫家阿爾布雷希特·杜勒，就曾經養了雪納瑞12年。

我們也能在司圖加特市區的銅像上頭看見雪納瑞的身影。

此外，迪士尼人氣動畫《小姐與流氓》中的主角也是雪納瑞。

據說韓國手遊「聖騎狗」（Paladog）的角色設計靈感也是來自雪納瑞。

還有很多與雪納瑞有關的軼事。2015年，住在美國愛荷華州的南西·法蘭克即將住院動癌症手術⋯⋯

一天晚上，家中的寵物狗西西突然消失了。

西西！西西?!你跑去哪了?!

南西的先生戴爾到處找西西，還向警察與動物庇護所報案。

我家的小狗消失了，是一隻雪納瑞！

而隔天早上發現西西的人，竟然是南西所住的醫院警衛！

牠怎麼進來的？

什麼？西西嗎?!但我從來沒帶牠去醫院過啊！

牠在這裡！項圈上面有寫牠的名字！

醫院距離南西的家有四公里。

唯一的線索就是南西上班的地點就在醫院附近。

我曾經讓西西坐在後座，然後開車送我太太上班，但不曾帶牠用走的過去。

醫院則為了想要見治療中的媽媽一面，不辭辛勞遠道而來的西西，特別允許牠與南西會面十分鐘。

媽媽～！我好想妳！

嗚嗚～

另外，澳洲墨爾本的皇家兒童醫院，也有一位不是醫生，但被稱為「醫狗」（Dog-tor）的重要成員。

牠的名字叫拉爾夫。拉爾夫每星期一都會上班，探視牠所負責的患者。

又到星期一了，來去見見孩子們吧！

牠的任務就是帶醫院裡的孩子們去散步！

罹患罕見疾病，15個月大的J. K.哈里森與拉爾夫一起散步。

接受腎臟腫瘤切除手術的克萊兒，在手術五天後出去散步也是由拉爾夫陪同。

拉爾夫醫生！我們去散步！

呼呼，好啊！

拉爾夫在年幼的患者接受難以承受的重大手術時，也會在旁陪伴給予患者勇氣。

我會陪在你身邊，再加把勁吧！

另一隻令人驚訝的雪納瑞，則是偷偷躲在行李箱裡，跟主人一起從香港到日本，但因為無法入境，所以又被送回香港了，明明計畫很完美……

從香港到日本的七小時，我都一直躲在行李箱裡！

幸好沒對健康造成任何問題～

放開我～我要跟著主人啊！我不要走啦～～～

還有見到睽違兩年的主人太過開心，

媽媽，我還以為真的再也見不到妳了，妳不是說很快回來嗎，怎麼可以過這麼久才回來？我好開心好幸福，嗚嗚嗚。

嗚嗚嗚嗚嗚一

嗚嗚

興奮到暈過去。

倒下！

癱軟

這隻雪納瑞凱西一下成為話題。

哎呀，嚇到我了，你這麼開心啊？

涙眼

汪汪

嗚嗚

站在凱西的角度來看，幾乎等於是分開了14年。

雪納瑞就是這麼聰明、善良又熱情洋溢。

被稱為「擁有人類大腦的狗」。

會讓人擁有彷彿跟人類待在一起的錯覺。

哈哈哈哈哈哈哈

哈哈哈哈哈

哈哈哈哈哈

從像小孩子一樣天真爛漫又活潑的小可愛，
到勤勞的工作狂、充滿魅力的工作犬，
雪納瑞的體型十分多變，魅力也非常多元。
這百變的魅力，實在是令人無法不喜歡。

用按摩舒緩狗狗的疲勞

狗的用餐時間、散步時間等日常生活，都是配合主人的生活模式，為了保護家人和家庭，
總是維持緊張狀態，肌肉經常緊繃。我們可以定期用按摩幫狗狗舒緩疲勞、轉換心情。

恢復疲勞與對腸胃有益的背部按摩

1. 讓狗「趴下」，然後走到狗的後面。
2. 將大拇指放在狗前腳大腿延伸交會處的脊椎骨兩側。
3. 大拇指垂直施力按壓約兩秒，從頭往尾巴方向進行指壓。

注意
不要壓到脊椎骨！

讓全身放鬆的耳朵按摩

1. 讓狗輕鬆地躺著，用大拇指與食指輕輕地抓住耳
   朵內側。
2. 手指出力，同時一邊搓揉一邊慢慢往耳朵的末端
   按壓。
3. 換一下摸的位置，重複約五次。

摸肚肚按摩

1. 讓狗側躺，左手摸著狗的肚子。
2. 右手撐著背，左手放輕鬆搓揉肚子約一分鐘。
   如果是大型犬，則要換個姿勢反方向再搓揉一次。
3. 因為肚子是敏感的部位，手部的動作要放輕，
   並小心不要戳到肚子。

可愛的臉部按摩

1. 左手撐著狗的下巴，利用右手食指指節從鼻尖往頭的方向輕輕按壓十次。
2. 用大拇指和中指從頭的兩側開始，往太陽穴、耳旁的肌肉周圍方向按壓，畫圈按摩一分鐘。
3. 右手按著頭，左手大拇指與食指輕輕抓著下巴，畫圈按摩一分鐘。

個性：個性活潑、樂天、聰明溫馴且愛撒嬌

推薦空間：獨棟住宅／庭園住宅

運動量：多

應注意疾病：外耳炎、白內障、肥胖、癲癇

掉毛狀況：多

10

Beagle
小獵犬

小獵犬因為是《史努比》的原型而聲名大噪，
牠們天生具備追蹤能力，是果決且精準的獵人。
長長的耳朵與好像在瞪人的眼睛，
都給人留下深刻的印象。

牠是《史努比》的主角查理·布朗的朋友。

是律師、醫師、作家、戰鬥機飛行員。

更曾經以NASA太空人的身分登上月球。

阿波羅10號的司令船叫「查理·布朗」，月球登陸船叫「史努比」。

是全世界最知名的狗！

是金氏世界紀錄認證，史上連載最久的漫畫。

我就是小獵犬！

無法抗拒的致命能量，魅力十足的小獵犬。

被稱為「三大惡魔犬」之首的小獵犬，雖然是無法控制的淘氣鬼，

門被我破壞了！
萬歲！

哇啊啊啊—

小獵犬是從法文中「大聲吠叫」的意思發展而來的名字！

但其實牠們是很善良、很溫馴的孩子。

撫摸

撫摸

撫摸

因為是獵犬的關係，所以活動量比其他狗要大很多。

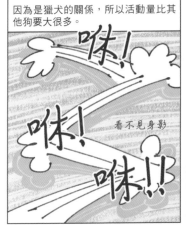

咻！

咻！

咻！！

看不見身影

因為喜歡成群結隊狩獵的習性，所以個性善於社交。

你昨天睡得好嗎？

肚子好餓，要吃什麼？

嗯！但查爾斯感冒了，我有點擔心。

明天去探病，OK？

獨處的時候很容易覺得孤單，就更容易闖禍。

不開心—

最近很多新的形容詞都跟牠有關，小獵犬幾乎已經是淘氣跟活潑的代名詞

小獵犬美人

小獵犬魅力

充滿活力

像小獵犬一樣

一般認為，2500年前就有外形類似小獵犬的獵犬。

不過根據推測，小獵犬的起源應該是古時候英國威爾斯地區飼養的獵犬。

←WALES

羅馬人讓從英國帶回的獵犬，與自己的獵犬交配，並利用生下的後代進行狩獵。

兩種獵犬交配之後，生出了更快、更強壯的孩子！

汪！！

西元前5世紀左右，古代希臘哲學家兼軍事家色諾芬寫的論文中，也曾經出現以嗅覺狩獵兔子的獵犬。

汪！那邊有兔子的味道！

很好，走吧！

8世紀時尋血獵犬登場。

我是早期的嗅覺獵犬。

之後又培養出塔爾特犬。

這些狗的嗅覺非常出色，卻沒辦法跑太快。

給……給我站住！

來抓我啊～

咻一！

慢吞吞～

為了改善這些缺點，便讓牠們與格雷伊獵犬交配，提高奔跑的速度。

說到跑步，絕對沒有人能夠追上我！

飛奔一 時速70公里

這時混入了多種不同獵犬的血統，最後才培養出具有現在小獵犬外形的獵犬。

小獵犬在獵犬中體型偏小。

11世紀在英國被貴族們用來狩獵狐狸，也因此受到歡迎。

14至17世紀時，甚至還流行起能夠放進口袋裡的「口袋獵犬」。

但到了18世紀，為了狩獵狐狸，出現了體型更大的小獵犬。

南方獵犬與北方小獵犬

牠們和獵鹿犬等體型較大的犬種交配之後生下的大型獵狐犬很受歡迎。

我的名字聽起來就像專業狐狸獵人吧？

而跑速相對較慢的小獵犬，則被送到農場去。

淒涼……

淪落到只能抓山上的兔子……

曾經紅極一時。

不過如果沒有這些農家，或許現在就不會有小獵犬了。

雖然口袋獵犬絕種了，但小獵犬仍然延續了「體型最小的獵犬」這條血脈。

1830年代一位叫做菲利浦・哈里伍德的神職人員與他的同事托馬斯，在英國艾塞克斯飼養了一群小獵犬，一般認為牠們就是現代小獵犬的祖先。

受到北方鄉村小獵犬和南方獵犬很大的影響。

不久之後就出現四種小獵犬。

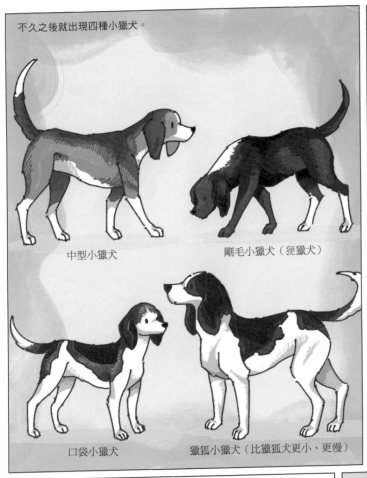

中型小獵犬　　　　　剛毛小獵犬（㹴獵犬）

口袋小獵犬　　獵狐小獵犬（比獵狐犬更小、更慢）

從英國出口至美國。

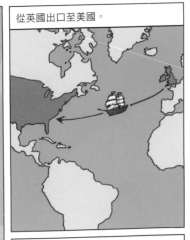

並且為了獵兔而被改良成更小的品種。

要抓兔子實在不需要太大的體型！

唰唰唰唰—

其中1880年代在紐約出現的「斑點獵犬」，進到20世紀之後開始變有名。

PATCH BEAGLE

據說我是斑點家族的名犬「森林斑點犬」，現在許多優秀的小獵犬都是我的後代。

斑點血統的小獵犬跑速非常非常快。

咻—！！

驚？！

？！

天啊！那速度是真的嗎？

因為有著很獨特的毛色，所以現在身上有這種斑點的小獵犬，都被稱為「斑點獵犬」。

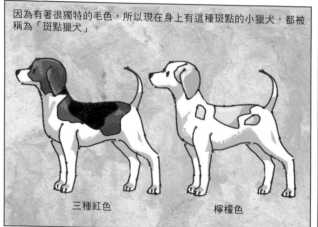

三種紅色　　　　　檸檬色

在這裡稍等一下！你是第一次聽到「嗅覺獵犬」這個名稱嗎？

Scent hound

獵犬分為兩種，
分別是
視覺獵犬與
嗅覺獵犬！

視覺獵犬憑藉廣闊的視野和極快的速度追捕獵物，嗅覺獵犬則依靠留下的氣味追蹤獵物！

看

嗯—！

嗅嗅……

小獵犬是擁有敏銳嗅覺的嗅覺獵犬。

聞聞！20公尺底下好像有東西！

興趣：挖土

挖挖挖！

挖挖

將一隻老鼠放在一英畝（約1220坪）的草地中，測試哪種狗能最快找到，結果是小獵犬獲得第一。

你還花不到一分鐘吧?!

我就是狗鼻子！

這對我來說小意思啦～

小獵犬就是擁有這麼優秀的嗅覺與追蹤能力。

受到小獵犬祖先中的尋血獵犬影響！

也以緝毒犬、爆裂物探測犬、檢疫犬的身分活躍於世界各國。

探測到了就在原地坐下！

嗅聞氣味、追蹤目標的行為也能幫助小獵犬釋放壓力！

不過一旦被事物吸引就不太聽指令，出門一定要繫繩子喔！

嗅嗅嗅

聞聞聞

但小獵犬個性單純，很容易跟陌生人親近，再加上非常會忍耐，

所以經常被用來做動物實驗。

美國動物保護團體ARME曾經舉行「小獵犬解放計畫」，幫助曾經是實驗犬的小獵犬找到第二人生。

出生在內華達州實驗室的九隻小獵犬，是因為這個計畫才首次離開實驗室，踩在陽光照耀的草地上。

韓國的非營利組織「與動物一起幸福的世界」，也曾經救助面臨安樂死危機的十隻小獵犬，推動領養計畫。

我們在實驗犬農場出生後六個月就被賣到這裡，在實驗室的鐵籠裡被關了五年，承受著痛苦。

由於小獵犬天生就很親人，所以人一靠近牠們就會搖尾巴歡迎。

但一打開鐵籠的門，牠們便會躲在籠子裡瑟瑟發抖，不敢出來。

尤其第一隻被領養的太白，領養第一天甚至無法安心睡覺，站著發抖的樣子令很多人感到心痛。

發抖… 發抖…

因為從來沒有安心地睡過覺

剩下六隻在韓國無人領養的小獵犬，就在小獵犬解放計畫的協助下前往美國。

我們會遇到很棒的主人，過著幸福的生活！

現在十隻狗都過著非常快樂的生活。

但這是非常罕見的情況，韓國的實驗動物將近百分之百都是以安樂死結束一生。

英國實驗動物科學協會的研究分析，做出以下的結論：

領養實驗動物能夠對牠們帶來很大的幫助。讓沒有異常反應的實驗犬被領養，能夠為動物、人類與研究帶來極大的利益。

如果我們能對這些因人類的自私而受苦的實驗犬多一些關心，
就能夠幫助牠們擺脫痛苦，過著更幸福的生活。

除了經典的卡通人物史努比之外，以小獵犬為靈感設計的角色還有《加菲貓》中的歐弟、《酷狗寶貝》的Gromit、《神探加傑特》中的天才狗布萊恩、《貓狗大戰》中的小盧、《藍色小精靈》中的小狗、《超狗任務》中的鞋擦等等。

在電影裡品種被換成小獵犬

不管在哪一種媒體上，都能看到牠們開朗以及與人類十分相似的個性！

開朗又有活力的個性，再加上會無條件追隨人類的模樣，或許就是小獵犬在全世界受到歡迎的原因。

讓我們暫時忘記惡魔犬這不名譽的外號，仔細看看牠們吧！牠們是有著一顆單純的心以及強大活力的天使犬，誰能不被牠們治癒呢？

個性：總是開心、聽話又樂天
推薦空間：公寓／獨棟住宅／庭園住宅
運動量：普通
應注意疾病：白內障、癲癇、心臟病、外耳炎、白癬
掉毛狀況：普通

11

Cocker Spaniel
可卡犬

可卡犬擁有優秀的狩獵能力，
被認為是獵人不可或缺的左右手，牠們的個性快樂又開朗，
是很值得信賴的同伴。

將下垂的耳朵完全覆蓋的鬆軟毛髮，

唰啦啦啦~♥

又黑又亮的美麗大眼，

以及超級可愛的外表。

以滿滿的活力，

跑跑跑一!!

和對主人的忠心為傲。

敬禮!

讓我們一起來看看可卡犬!

可卡犬在英文中叫「Spaniel」，顧名思義就是源自西班牙的犬種，大致可分為兩種。

我是陸獵犬！主要在地面上追趕、捕捉獵物！

我是水獵犬！水裡就是我的地盤！

可卡犬屬於陸獵犬，是用於狩獵山鷸的犬種。

WOODCOCK

我們最早可以在西元914年的威爾斯法典中，找到與可卡犬的相關紀錄。

根據紀錄，我們的身價相當於三頭黃牛喔。

「動物分為禽獸、狗以及鳥。狗有三個較高等級的品種，分別是追蹤犬、灰獵犬、可卡犬。」

可卡犬隨著16世紀槍的出現，便開始受到歡迎。

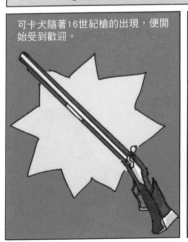

因為嗅覺獵犬不適合追蹤森林中的鳥類。

飛走⋯⋯⋯

因為我會飛，所以不太容易追蹤氣味。

為了獵鳥，必須要把鳥嚇離枝頭。

天啊，嚇死我了。

汪!!

這叫做「激飛」

可卡犬的個性活潑，非常適合扮演這樣的角色。

而且我們也很擅長把被槍打中掉落的鳥叼回來。

飛走一！！

唰 唰

汪汪！

汪！

汪汪！

搖

不過也因為很擅長獨自在森林中穿梭，所以雖然開朗，卻也很獨立、很不受控。

我思故我在。

嗯……

可卡犬在17世紀之前還沒有明確的分類，都是依照用途區分。

你跟我都是可卡犬！

體型大小決定牠們適合激飛哪些鳥。

用來激飛大鳥，身高較高、腿較長的史賓格犬

適合激飛山鷸等較小的鳥，體型較小的可卡犬

我們會像彈簧一樣向鳥所在的位置跳起來，所以又有人用彈簧來稱呼我們。

因此，即使是同一對父母生下的，也會因體型大小不同而區分為不同種類。

哥哥我是史賓格犬，你是可卡犬！

哦，是嗎？

一直到了19世紀末，才各自被承認為不同的犬種。

英國史賓格犬
威爾斯史賓格犬
可卡獵犬
田野獵犬
薩塞克斯獵犬
克倫伯獵犬
愛爾蘭水獵犬

其中一個叫做「歐寶」的狗家族，對可卡犬被獨立成一個犬種帶來很大的幫助。

我是薩塞克斯獵犬與田野獵犬交配生下，是可卡獵犬的祖先。

歐寶（1879年生）是現代英國可卡犬的祖先，他的小孩歐寶二世則可以算是美國可卡犬的祖先。

英國可卡犬一直被人當作獵犬飼養，
而美國可卡犬則主要當作家犬飼養或參加犬展。

美國可卡犬則發展出
小巧美麗的外形

英國可卡犬有又長又強壯的腿，後來成為獵犬

英國可卡犬雖然當成獵犬飼養，但也因為有漂亮的毛髮，所以是相當受歡迎的家犬。

當然，狩獵的能力也很優秀！

柔軟美麗的毛髮，在洗完澡之後必須要好好吹乾，尤其耳朵必須要特別經常照顧。

咻咻咻咻

耳朵、腿和尾巴的裝飾毛都必須經常梳理。

梳梳梳....

英國可卡犬開朗、活潑又有活力，很會察言觀色，情感也很豐富，聰明且具備很強的學習能力，但並不喜歡訓練，如果主人太過積極想教導牠們，就可能會看到牠們變得很消極。

這是1602年從英國開往美國的五月花號。

這艘船上載著兩隻狗，其中一隻便是可卡犬。

可卡犬就是跟移民者一起移居到新大陸的。

前往新大陸吧！

這些到了美國的英國可卡犬當中，較受歡迎的大多是長相比較不同的可卡犬。

啊，不覺得這孩子有點可愛嗎？

牠們是配合美國環境改良的美國可卡犬。

雖然一開始被英國可卡犬的愛好者忽視，

英國可卡犬才是正統，我不承認美國種！

為什麼？

但隨著1940年美國可卡犬布魯西在西敏犬展上獲得最高榮譽之後，

BEST DOG IN SHOW

我自己的布魯西（My Own Brucie）

人們便開始關注美國可卡犬。

聽說去年的冠軍布魯西今年又得獎了！

真的嗎？也對啦，牠真的很美。

布魯西是現代美國可卡犬之父「傳奇布魯西」的兒子。

在牠去世的時候，《紐約時報》等新聞甚至為此刊登報導。

天啊……怎麼會……

隨著布魯西的活躍，20世紀中期美國可卡犬的人氣扶搖直上。

許多長得像布魯西的美國可卡犬出現在廣告中

最後發展成與英國可卡犬不同的另一個獨立犬種。

更圓滑的頭蓋骨！

豐盛茂密的毛！

短短的嘴巴！

更小巧的尺寸！

1945年被認證為獨立犬種！

美國可卡犬的特徵是毛髮懸垂，走路十分優雅。
個性活潑又善良，而且非常愛主人。
學習能力出色，面對訓練也十分積極。
需要注意皮膚炎、耳朵疾病等問題。
毛分為中等長度的外層和茂密的裡層，也因為有
雙層毛，所以最好經常梳理。

知名的可卡犬像是《小姐與流氓》中的小姐，

作家吳爾芙的最後一部作品《一隻叫活力的狗》的主角活力。

以及動物插畫家艾伯特·史泰豪的寵物狗「布奇」等。

我是因為雜誌插畫而出名的布奇！

我在1944年2月，登上美國知名週刊《週六晚郵報》封面，獲得超高人氣！

狗吃掉糧食分配表的畫

雜誌不僅發行後立刻售罄，還有大量的加油信件湧入出版社。

真的好可愛！小狗確實會做這種事！請不要責罵布奇喔！

太可愛了，不可以罵牠喔。

布奇小可愛！

我寄來被布奇吃掉的糧食分配表！

之後布奇共登上《週六晚郵報》封面25次、《美國週刊》封面30次。

甚至成為美國海軍的吉祥物，並被選為《國家犬隻週刊》的官方代言人，格外受到世人的喜愛。

脫口秀女王歐普拉、歌手艾爾頓·強、電影演員喬治·克隆尼等人，也都是知名的可卡犬愛好者。

事實上，可卡犬也名列「三大惡魔犬」之一。

這是因為人們不了解可卡犬為了激飛樹上的鳥，必須不斷在森林中跑跳的本能。

如果把具備這種天性的狗關在室內，牠們當然會製造問題。

我們又沒有做錯什麼……

足球教練佛格森，就曾經將韓國足球選手朴智星比喻為可卡犬。

朴智星選手都不會累，穿梭在球場上的樣子就像一隻可卡犬。

可卡犬需要的活動量極大，完全不需要休息。

噠噠噠噠！

如果能夠理解牠們滿滿的活力與忠誠來自何方，

可卡犬（4歲）

我們是幫助人類獵鳥的激飛犬，所以當然要活潑囉！

肯定會因為可卡犬優雅美麗的外貌，

與活潑個性之間的反差魅力，而驚嘆牠們的美好。

可卡犬擁有超越一般寵物狗的美麗外貌，
若能夠了解牠們的個性與特性，
那麼人類與寵物狗都能夠過得更幸福，不是嗎？

個性：**大膽、獨立、活潑、忠誠**
推薦空間：**獨棟住宅／庭園住宅**
運動量：**普通**
應注意疾病：**脂漏性皮膚炎、過敏性皮膚炎、膝蓋脫臼、青光眼**
掉毛狀況：**多**

12

Shiba Inu
柴犬

柴犬擁有東方味十足的三角形眼睛，
是日本的天然紀念物，健壯的肌肉、
立耳與捲成圓球狀的尾巴，
都是牠最有魅力的特色。

代表日本的犬種，

擁有肉肉的臉與身材，

兼具可愛的個性，是古代犬種之一。

翻滾 翻滾～

在美國動物星球頻道主辦的「2014狗狗盃」（World Pup）人氣投票中獲得第一名，牠就是日本的天然紀念物「柴犬」。

秋田犬

甲斐犬

紀州犬

其中我是唯一一種小型犬，而且也有一個跟地名無關的名字。

日本有六個犬種被指定為天然紀念物。

四國犬

北海道犬

柴犬

「柴犬」這個名字在六種狗中算是十分獨特，關於這個名字也有許多說法。

SHIBA
（柴）

小的灌木

有一說是因為牠們能靈活地在灌木林中穿梭、幫助人們狩獵。

也有一說是毛色就像枯萎的灌木叢一樣，所以才叫做柴犬。

另外還有一種說法是源自於代表「小」之意的古語等等。

小小的灌木叢與小小的柴犬

柴犬是古代日本中部山岳地帶飼養的犬種，歷史非常悠久。

從日本史前的繩紋時代開始，就一直生活在岐阜與長野之間的山區。

繩文時代：西元前1萬3000年～西元前300年

據說是被用於狩獵小動物。

主要是抓山鳥、雉雞等鳥類，還有兔子之類的小動物。

隨著分布地區分為好幾個群體。

美濃國的美濃柴

山陰地區的石州柴、因幡犬

信州（信濃國）的川上犬、保科犬、戶隱犬（現在的長野縣）

明治時代開始進口英國蹲獵犬、英國指示犬等英國犬種，也開始流行讓柴犬和這些外來犬種交配。

於是純種的柴犬就越來越難找了。

獵犬的腿還是應該要又長又細才對！

沒錯！柴犬的腿真的太短了。

……

結果導致日本在1928年為了保護日本純種狗，設立了日本犬保存協會。

不能再這樣下去！要保護我們傳統的狗！

握拳！

之後在1936年，我就被指定為天然紀念物嘍！

不過柴犬的數量又隨著第二次世界大戰而減少。

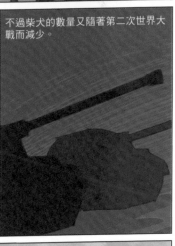

再加上發生了兩次被稱為狗瘟疫的犬瘟熱，導致柴犬數量銳減至原本的十分之一。

1951～1952年
1961～1962年

因為是透過空氣傳染的病……

最後只剩下三種血統的柴犬，透過讓這些柴犬互相交配，柴犬才漸漸發展成今天的樣子。

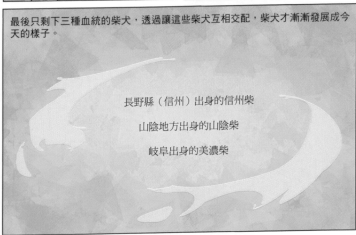

長野縣（信州）出身的信州柴

山陰地方出身的山陰柴

岐阜出身的美濃柴

信州柴犬
現在的柴犬大多都是這種狸型柴犬，
有著剛硬的底毛，
特徵是體型小且毛色偏紅。

順帶一提，信州柴雖然名字裡有信州，卻不是信州地方的土狗。

嚴格來說，信州土狗兼天然紀念物川上犬才是元祖「信州柴」，跟狼有較深的血緣關係，目前只剩下300多隻。

信州柴與山陰地方及四國地區的狗交配後，

山陰地方的
石州柴犬
「石號」

四國的柴犬
「KORO號」

「AKA號」

「AKA號」的子孫被帶到長野後成為現代柴犬的源頭。

石號 ── KORO號

HANA號 ── AKA號 ── 明月號

紅子號 ── AKA二號

中號

現代柴犬的血統源頭可以追溯到「中號」。

NAKA

柴犬像貓一樣很愛乾淨又謹慎，是會對陌生人非常冷漠的北方犬。

啊啊啊，好喜歡人類喔！一起玩嘛！

哼⋯⋯

瞪

同時又很勇敢，對主人非常忠誠。

儘管交給我！

很能夠忍受訓練，也很能保護住家！

敬禮！

不過柴犬雖然被分類為小型犬，卻需要與中型犬類似的運動量，這一點必須要多加注意。

山陰柴犬！
臉部細長的狐狸型柴犬，
是獵獲高手！
特色是頭部較小、身材較纖細，
耳朵很小且尾巴高高豎起。

山陰柴的祖先是隨著種稻等彌生文化的傳播，從韓半島進入日本。

和韓國的珍島犬與濟州犬有親戚關係。

我們有血緣關係！

原本山陰地方有兩支犬系。

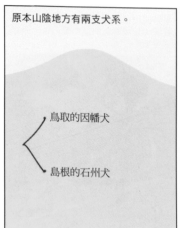

鳥取的因幡犬

島根的石州犬

由於感受到山陰地方的土狗即將絕種的危機，一位姓尾崎的先生便開始致力於保存故鄉鳥取的土狗，最後才有了現在的山陰柴犬。

這孩子是山陰柴犬的始祖太刀號。

曾經是日本犬保存協會審查委員的他，讓山陰地區留下的因幡犬與石州犬交配，進而將山陰柴犬保存下來。

山陰柴犬的特徵之一就是耳朵的形狀，據悉是受到當時的因幡犬「RIKI號」的影響。

我的特徵就是耳朵沒有超過臉的範圍。

山陰柴犬沉著又有耐性，屬於不太會表達情緒的類型。

只有開心的時候會搖個幾下尾巴而已。

美濃柴犬！
是一種全身都是紅毛的柴犬。
現在正在復育當中，
仍然是面臨絕種危機的稀有品種。
特徵是又厚又尖的耳朵，
以及鐮刀狀的尾巴。

此外還有被稱作「豆柴」的小柴犬。

但牠們並沒有被歸類為獨立犬種。

沒有被日本犬保存協會、天然紀念物柴犬保存協會以及日本育犬協會等認證。

這是為了防止豆柴太過受歡迎，促使商人透過刻意壓抑成長，進行近親交配等配種行為衍生出的副作用。

「豆柴」的名字是來自豆子和柴犬。

每天一個豆知識，啦啦啦～

豆

因為電影《豆柴小犬》、連續劇《一郎出遊記》等影劇作品而打開知名度。

超有個性的柴犬近來也透過社群媒體和出版品獲得極高的人氣。

曾經因為犬舍停業而面臨撲殺危機，後來又被救助。

幸好遇到了義工團體，我們才能獲救！

因為這一張照片而享譽全球的「KABOSU」就是其中一個例子。

柴犬也因為體型比較大，所以總是賣不出去，被留在寵物店的角落。

……

聖誕夜
大特價！

SHIBA INU

不過還是有因為一些旅遊照片，以及攝影集《呆萌無敵！柴犬MARU》《呆萌無敵！柴犬MARU第2彈》等書籍出名的「MARU」。

因為跟小孩「伊莎」一起拍照而出名的另一隻「MARU」。

攝影集
《不需要語言》
《我的朋友》
《隨時在身邊》

和由旅居日本的韓國夫婦飼養，在社群媒體上爆紅的「MAME」等。

攝影散文
《我家的MAME》

另外有由設計師飼養的柴犬。

是年收入超過5百萬台幣，為眾多品牌拍攝型錄的頂尖模特兒。

全世界最有型的狗，《柴犬潮男》（Menswear Dog）的主角「Bodhi」也相當出名。

此外還有以「殺人微笑」在YouTube上掀起話題的柴犬「CHIYI」。

在香菸店打工，很喜歡黃瓜的「柴犬桑」。

挺身與熊對抗，保護主人的勇敢柴犬「巧克力」。

注！

嚇到！

驕傲一

以及偷偷搭地鐵，卻被站務員發現的柴犬等等。

我要搭地鐵！

嗚嗚嗚！

不！放開我！放我下來！我要搭車！

柴犬開朗又充滿喜感，像人一樣的個性吸引了眾多粉絲。

被子外面很危險……

鬆軟

鬆軟

不走！

曾經面臨絕種危機的柴犬，

曾經數量這麼多的日本犬，居然只剩下少數幾隻了！

噔愕！！

之所以能夠傳承到現在，還如此受到歡迎，

我走遍了山陰地區的各個角落，把孩子們帶回來保存牠們的血統。

雖然在戰亂時因缺乏糧食而面臨危機，但在他人的贊助之下，好不容易保住了二十幾隻柴犬。

都是因為有為了保護自己最重要的狗，而努力不懈的人們。

以圓嘟嘟的臉頰和天真的眼神，

散發致命魅力的日本天然紀念物柴犬！

希望未來也能夠繼續保護牠們，
讓可愛的柴犬能夠永遠保存下去。

個性：溫馴、開朗、記憶力好，不會做沒用的事
推薦空間：公寓／獨棟住宅／庭園住宅
運動量：普通
應注意疾病：脂漏性皮膚炎、眼睛疾病、肺炎、肥胖
掉毛狀況：多

13

French Bulldog
法國鬥牛犬

有著穩固的骨架、光滑的毛、
四方形的頭,以及像蝙蝠一樣的耳朵,
非常有魅力。

雖然祖先是過去曾經與黃牛對抗……

勇猛無比的英國鬥牛犬，

但現在卻是穿著燕尾服的紳士。

牠們是令人無法抗拒的小可愛，法國鬥牛犬！

是最深情的朋友。

在認識我們之前，有幾件事情一定要先知道。

嗨!!

那就是關於英國鬥牛犬的事！

英國鬥牛犬是英國傳統犬種。

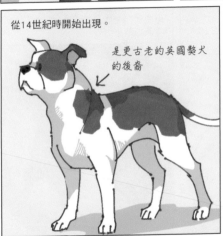

從14世紀時開始出現。

是更古老的英國獒犬的後裔

鬥牛犬這個名字，是源自於大約1630年時與黃牛對抗的鬥牛比賽。

英國鬥牛犬擁有最適合跟黃牛對抗的體型。

第一，牠們的短腿能夠避免被牛角刺傷。

因為身高比較矮，所以被牛角刺到的可能性比較低！

1

第二，身上的皺褶能夠將被牛角刺到時產生的衝擊降到最低。

捏起一

2

189

第三，有即使咬住牛，也能夠保持呼吸順暢的朝天鼻。

呼氣—

3

第四，突出、強而有力的下巴，能幫助牠們更輕易地咬住牛。

以咬住之後就能撐很久不放開而聞名

↓

吼吼孔～

4

第五，充滿肌肉的身體以及下垂的肩膀。

5

厚實—

第六，身體重心偏前面，即使被牛角刺到也不容易跌倒。

穩定

頸部和上半身非常發達

↓

6

再加上力量強大又勇敢，甚至對疼痛較不敏感，可說是為了鬥牛而生的犬種。

遞

鬥牛專家
英國鬥牛犬
010-1234

呵！我就是這種狗喔！

但由於鬥牛太過殘忍，所以在1835年遭到禁止。

NO!

這種具攻擊性的犬種，也就開始不受歡迎了。

面臨絕種危機

NO

所以喜歡鬥牛犬的育種師們，便開始培育個性較溫馴、凸顯獨特個性與外向性格的鬥牛犬。

牠可愛又特別！

在他們的努力之下，19世紀起的犬展上開始能看到鬥牛犬。

也就是說，現在我們所飼養的鬥牛犬，和過去與黃牛對抗的鬥牛犬截然不同。令人意外的是，現代鬥牛犬十分開朗、溫馴且愛撒嬌。

順帶一提，英國鬥牛犬是代表英國的國犬。

是象徵堅毅與憨直的犬種。

來，剛才之所以先說英國鬥牛犬的故事，正是因為我們法國鬥牛犬，就是起源於19世紀的英國鬥牛犬。

法國鬥牛犬是在英國諾丁漢的蕾絲工人，飼養迷你版英國鬥牛犬的過程中發展出來的。

我是玩具鬥牛犬的一種，體型很小，體重大約不超過11公斤。

19世紀時受到工業革命的影響，許多蕾絲工人紛紛移居法國。

因為生產都機械化了……

France

這時代過去的小型鬥牛犬，與巴哥等犬種交配之後變得更小。

漸漸變成很受歡迎的家庭捕鼠犬。

好迷人！

嘿嘿！

1880年代受波西米亞運動的影響，巴黎人之間流行起一股帶寵物狗散步的風氣，這時法國鬥牛犬開始受到歡迎。

以巴黎的女性、藝術家為中心，在上流社會之間流行起來。

1890年代紐約人也開始呼應巴黎的流行，將法國鬥牛犬帶到紐約，並且開始積極繁殖。

FRENCH BULLDOG

而當時人們對法國鬥牛犬的耳朵形狀有很多不同的意見。

由於諾丁漢改良的法國鬥牛犬，是英國鬥牛犬的迷你版，

所以偏好像鬥牛犬一樣下垂的玫瑰耳。

直立的蝙蝠耳則被冷落。

即使到了法國也還是一樣。

有玫瑰耳和蝙蝠耳兩種，不過當時的流行比較偏好玫瑰耳。

雖然1897年舉辦的西敏犬展海報上，畫了蝙蝠耳的法國鬥牛犬，但當時人們還是比較偏好玫瑰耳，跟耳朵有關的爭論也僵持不下。

我覺得這種蝙蝠耳才是法國鬥牛犬原有的特徵！

同年，美國卻公布蝙蝠耳才是標準鬥牛犬的特徵。

隔年紐約最高級的飯店，也舉辦只有法國鬥牛犬才能參加的活動。

法國鬥牛犬的人氣開始以紐約上流社會為中心擴散、飆升。

簡單來說，英國為法國鬥牛犬奠定了發展基礎。

最後在1913年時，成為美國最受歡迎的犬展狗！

而法國則發展出法國獨特的小型鬥牛犬。

美國則訂下了蝙蝠耳的標準。

豎　起！

才有了今天的法國鬥牛犬！

現在全世界大多認為蝙蝠耳才是標準的鬥牛犬特徵！

法國鬥牛犬敏感、安靜又熱情，會歪著頭聽主人的話，像是嘗試要聽懂主人說什麼一樣。是肌肉結實的健康體型，同時也不太耐熱，因為鼻子被壓迫呼吸不太順暢，比較不容易散熱，體溫上升之後可能會中暑，所以夏天需要多注意！

而且法國鬥牛犬容易流口水，皮膚的皺褶之間也容易卡髒汙，平常最好多幫忙擦拭，維持清潔。

來，
洗臉吧！

擦擦

因為頭比較大，所以生產時需要選擇剖腹，但有時候也可以自然分娩，請務必要找獸醫師諮詢。

哎呀！這孩子是誰？
跟我很～像，但又有點不一樣！

我是波士頓㹴犬！也有人
稱我是美國紳士喔！

我是在1870年代，由鬥牛犬與白英
國㹴犬生下的犬種。

叫「喬治」的狗就是我們的始祖！

波士頓㹴犬一開始是重達23公斤的大型犬，但漸漸小型化，特色是毛色
看起來就像穿著燕尾服一樣。

波士頓㹴犬
嘴巴、脖子、四隻腳都是白色，
纖細瘦長且頭較小。
耳朵的形狀較尖且朝向左右兩邊。
6～11公斤

法國鬥牛犬
體型較矮胖。
胸部較寬。
耳朵的末端較圓，
且朝向正面。
10～14公斤

李奧納多·狄卡皮歐

韓國的搞笑藝人李敬揆是知名的短頭種法國鬥牛犬愛好者。

Jarre音響公司的AeroBull音響，也是以法國鬥牛犬為造型。

法國鬥牛犬也受到女神卡卡、休·傑克曼、貝克漢夫婦等許多明星的喜愛。

尤其歌手約翰傳奇收養因受虐而只剩下三條腿的法國鬥牛犬，更蔚為話題。

紐約展覽上介紹的法國鬥牛犬「皮克小姐」。

把侵入家中庭院的兩頭棕熊趕走的勇敢朱爾斯。

記錄作者兒子與法國鬥牛犬可愛日常的書籍《有你真好》。

攝影師艾薇特・伊凡斯（Ivette Ivens），也曾經用照片記錄同天出生的嬰兒與法國鬥牛犬之間的友情，讓人看了感覺十分溫馨。

此外，雪梨大學與哥本哈根大學的共同研究團隊，也曾經以大約六萬隻寵物狗為對象，調查狗的身體特徵與行為之間的關係。

短頭種比長頭種更善於追蹤玩具，這代表牠們更容易被訓練，即使在被陌生物種威脅的環境下，

還是能展現出更勇敢的一面，顯示出足以擔任警衛犬的優秀潛力。

法國鬥牛犬是喜歡孩子且多愁善感的保母。

也能用幽默的長相做出可愛的表情來撒嬌。

哇啊!!

認識牠們的時候要更謹慎一些,一旦陷入牠們如黑洞般的魅力,或許就再也無法擺脫牠們了呢!

個性：嗅覺與聽覺十分優秀、聰明、有出色的歸巢本能、對主人十分忠誠

推薦空間：獨棟住宅／庭園住宅

運動量：普通

掉毛狀況：多

14

Jindo Dog
珍島犬

倒三角形的頭和豎起的耳朵，捲成一圈或鐮刀狀的尾巴，
都是珍島犬的特徵。不僅聰明且歸巢本能十分出色，
是對主人相當忠誠的韓國天然紀念物。

自古以來韓國就認為，狗能夠趨吉避凶，是帶領死者前往陰間的領路人。

認為有四隻眼的黑黃狗能夠驅趕小鬼。

汪汪汪

黃狗則象徵多產與豐年，多為農家飼養。

白狗則能夠驅趕小鬼、為家中帶來喜事，並且能在災難來臨前發出警告。

家中的　守護犬！

而有老虎紋路的黃狗也一直是高貴的象徵，歷史上曾留下「有著老虎紋路的白狗，具有超過萬石米的價值」的紀錄。

人們認為我能延年益壽，為家中帶來福氣。

獅子狗則象徵「驅邪」的辟邪壽福（驅趕鬼魂，讓人們長壽、享福）。

我就是抓小鬼的獅子狗！

＊《日本書紀》《續日本紀》《冊應元龜》《朝鮮王朝實錄》等。

在高句麗的舞踊塚壁畫中，也能看見狩獵中的狗。

自三國時代至朝鮮時代，一直都有將狗當成禮物送往中國與日本的紀錄＊。

狗自古以來就一直守護著韓半島，
在我們身邊生活。
一起來了解其中最能代表大韓民國的
珍島犬。

韓半島自古以來便有獅子狗與珍島犬型的北方犬系廣泛分布。

> 隨著地區環境與風土、能力的不同，在進化過程中外形開始出現一點差異！

但經歷外敵頻繁入侵與日本殖民時期，許多韓半島的土狗都被屠殺消失。

> 尤其日本殖民時期，狗皮是軍用毛皮資源，便樹立了屠狗政策。

> 一年有超過15萬隻的狗犧牲，據說總共有150萬隻狗遭到殺害……

「死去的狗的血匯集成一條小溪。」

節錄自李相昕《狩獵祕話》中與韓國野生動物有關的紀錄。

目前韓國土狗包括天然紀念物第53號的珍島犬。

以及韓國天然紀念物第368號獅子犬、慶州犬東京狗、豐山犬、濟州犬、火犬等。

> **韓國天然紀念物第368號獅子犬**
> 是能驅鬼的靈犬，獅子狗這個名字來自韓文中代表驅趕的「鑲」，與代表厄運的「邪」，結合成「驅趕厄運」的純韓文詞彙。

天然紀念物第540號慶州犬東京狗

慶州地區飼養的東京狗，
特徵是沒有尾巴或尾巴很短。
由於這一點和守護日本神社入口的
「狛犬」很像，所以在日本殖民時期
曾經面臨絕種危機。

北韓的天然紀念物第368號豐山犬

豐山犬雖然跟珍島犬
很像，但體型比較大，
被稱為獵虎犬。

火犬

濟州犬

珍島犬的原產地珍島，是韓國西南方大海上的島嶼。

雖然現在有珍島大橋，但過去跟陸地溝通的方法就只有船而已喔！

由於交通不便、往來不頻繁，所以也不方便引進其他犬種。

狗不能上船。

也是因為這樣的地理特色，珍島犬才會成為血統較純正的韓國土狗。

沒有跟其他犬種混種，可以維持珍島犬的純粹血統。

關於珍島犬的起源說當中，最可信的是自石器時代起，便棲息在韓半島的土狗。

石器時代的貝塚與史前遺跡等，都有發現狗的骸骨！

牠們適應了珍島的特殊氣候與風土，再加上島嶼在地理上的孤立性，故能保存純粹血統與野性。在珍島附近的海南曾經發現三千年前的狗骸骨，目前研究認為是與珍島犬類似的中型犬，推測兩者之間可能有關聯。

珍島犬是繼德國的拳師犬（德國的中大型犬）之後，第二種基因完全被解讀出來的狗*。

1962年依照文化財保護法，指定為天然紀念物第53號。

* DNA分析的結果，在珍島犬中發現了一個獨特的基因，這證明牠是一個獨特的品種，其純種譜系與基因樹上的任何品種都不一樣

同時珍島郡也被指定為珍島犬保護區，珍島犬進出受到嚴格的限制。

若攜帶非珍島犬的犬隻登島，將易科三萬台幣以下的罰金！

我也想去珍島觀光……

NO

順帶一提，珍島犬在韓文中的正式寫法，其實跟大家習慣的不太一樣。

珍島犬

登記在文化財清單當中的正式名稱「珍島犬」，同時也代表了棲息在特殊地區「珍島」的意義。

珍島犬

珍島犬被指定為天然紀念物的始末，必須回溯到日本殖民時期。

據說珍島這座島上，有大陸上非常少見的名犬？我得去確認看看！

1936年京城帝國大學教授森

1938年依據「朝鮮寶物・古籍・名勝・天然紀念物保存令」，將珍島犬指定為天然紀念物第53號。

珍島犬善於狩獵，又保存了優良的血統，是珍島的寶物！

果然是這樣！很有保存的價值！

珍島郡守文東鎬

後來到了1962年，日本殖民時期的天然紀念物保存令遭到廢除，重新依照韓國法律制定了文化財保護法，珍島犬再度被指定為天然紀念物第53號。並為了以國家的力量保護珍島犬的優良血統，於1967年制定韓國珍島犬保護育成法，經過第一、第二次修訂後，目前繼續由國家進行保護與管理。

耳朵尖尖豎起

尾巴往上捲起

身上的毛色與狼相似的胡麻犬

身上有老虎紋路的老虎犬

珍島犬是天然的犬種，除了白毛與黃毛之外，也有許多其他不同的毛色與紋路，但目前為止只有白毛與黃毛珍島犬被認定為天然紀念物。由於黃犬與白犬是標準色，所以其他顏色的珍島犬數量開始減少，但現在也為了維持多樣性而持續努力中。珍島犬對主人十分忠誠，故要將已經認了主人的成年珍島犬帶去培育，是一件非常困難的事。同時牠們也兼具優秀的歸巢本能，有像貓一樣懂得維護自身清潔的習性。警戒心與狩獵能力很強，靈敏且十分勇敢。

四眼黑炭犬

黑犬

珍島犬在2005年成為世界畜犬聯盟FCI與英國育犬協會KC認證的犬種。

在FCI是第287號，在KC是第197號的認證犬種！

曾經連續兩年在英國克魯弗茲犬展的進口犬隻競賽中獲得第二名。

2013年切爾西
2014年切爾西與梅西

珍島犬有一輩子只認一個主人的習性。

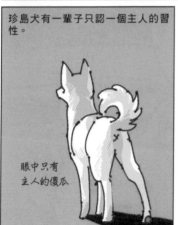

眼中只有主人的傻瓜

在《善良的白犬》當中，以「白犬回家」的故事而廣為人知。

我1988年出生在珍島，跟奶奶一起生活了五年。

這隻白犬在五歲時被賣到大田，卻咬斷了狗繩逃跑，從大田到珍島足足跑了300公里，花費七個月的時間，回到奶奶所居住的家！

大田
全州
光州
珍島 海南

這段漫長的旅程使得白犬骨瘦如柴，於是牠在奶奶的照顧之下恢復健康。

後來就一直跟奶奶一起生活，直到2000年2月去世。

好乖
好乖

珍島郡為了紀念這隻忠誠的白犬，便為牠建造了一座公園並豎立銅像。每年11月還會舉辦白犬回家紀念活動。

另外，龍仁市的流浪狗保護所所長飼養的豪豪，

因為所長住院而被送到住在水原的所長女兒家，但沒幾天就逃走了。

豪豪
不見了！
我現在到處
在找牠……

無論怎麼找都找不到，大家都以為年老的豪豪可能已經死在路上，便放棄尋找牠，沒想到在一年後……

我回到爸爸身邊了！
在從來沒看過的路上徘徊，
最後終於自己回到30公里以外的家。
雖然很可怕、很辛苦，
但主人對我來說就是一切。

豪豪在牠最愛的主人身邊度過餘生，2016年以19歲高齡離開這個世界。

此外，還有雖然主人生病去世，但珍島犬仍守著主人的遺體，

根據往生者的遺願捐出大體，我們要將他送到醫院……

不行

不行

不行

不行

最後不吃不喝，一直守在主人離開的位置等令人心痛的故事。

你們要把主人帶到哪裡去！

嗚嗚……嗚嗚……

珍島犬就是有著只相信、追隨主人的特性。

但也是這一點，所以被認為不適合當軍犬。

我只聽主人的話！把主人帶來！

2015年有35隻珍島犬接受訓練。

結果只有兩隻通過軍犬考試！

必須要通過百分之七十的訓練考題。

最早成為軍犬的珍島犬是「海浪」跟「容弼」，後來被分配去當探測犬與追蹤犬，幫助軍隊執行任務。

訓練多少有點辛苦，也比較花時間，但牠們都很細心，是很優秀的探測犬。

嘿♡

海浪是探測犬，還在競賽中獲得第三名喔！

狗自古以來就是韓國歷史與文化的一部分，是忠誠動物的象徵。

申潤福〈護月不吠〉

是能夠拯救主人免於危險的聰明動物。

嗚嗚！

Z Z

〈槐樹狗的故事〉
描述主人在喝了酒之後睡著，
沒注意到火勢逐漸蔓延到自己身邊，
珍島犬便弄濕自己的身體擋住火勢，保護主人後身亡。

也是能夠保護住家的英勇存在。

金斗樑〈驅鬼犬〉

其中，盲目效忠主人的珍島犬，就是忠誠耿直的代名詞。

牠是由於生活在島上，得以保留其純粹性的傳統韓國土狗，也是代表大韓民國的名犬。

願意拚上性命愛著一個人、
只為那個人而活的忠犬，
我們怎麼能不尊敬牠呢？

個性：總是威風、有自信，也很溫馴
推薦空間：公寓／獨棟住宅／庭園住宅
運動量：多
應注意疾病：眼睛疾病、尿道結石、脊椎骨刺
掉毛狀況：多

15

Welsh Corgi
威爾斯柯基犬

矮胖牧犬威爾斯柯基的魅力，就是那短短的腿，
以及像狐狸一樣的臉孔。

高高豎起的大耳朵！

厚實的屁屁！

搖擺

搖擺♪

小巧可愛的短腿！

牠就是連呼吸也可愛的動物，
威爾斯柯基！

我的名字「威爾斯」，是代表英國威爾斯的意思！「cor」在威爾斯語當中代表小的意思，也有聚集、守護的意思。

而「ci」則代表狗的意思，推測是在語言變遷的過程中漸漸變成「gi」。

也有人說我的名字是源自於威爾斯用來指稱工作犬的「cur」。

簡言之，威爾斯柯基指的就是住在威爾斯的小工作犬。

←這裡

由於是驅趕羊群的牧犬，所以靈活又有活力。

我把放牧的85頭羊都帶回來了！

但由於需要很大的運動量，運動量不足時就容易變胖，也因為腰比較長，很容易有骨刺問題，需要多加注意。

也要注意避免從高處跳下來。

再加上很容易掉毛，所以最好每天梳毛。

毛 毛 毛 毛 毛 毛

在趕牛或羊的時候，會去咬牠們的後腳跟。

咬！

有時候玩得太開心，或是對陌生人感到警戒時，也會咬人的後腳跟。

哎呀～

走開！

走開！

威爾斯柯基分為兩種。

卡提根威爾斯柯基犬

潘布魯克威爾斯柯基犬

首先來了解一下卡提根吧！

卡提根威爾斯柯基犬，是英國歷史最悠久的犬種之一，有著旺盛的好奇心與開朗的個性。

體型比潘布魯克大一些，耳朵又大又圓。
像狐狸一樣的長尾巴會像在拖地一樣向下低垂。
特徵是前腳靠近胸部的地方會像弓一樣微微彎曲。

卡提根威爾斯柯基是在西元前1200年左右，跟凱爾特人一起從中歐，移居到現在威爾斯西部的卡提根地區。

我擁有大約三千年的漫長歷史喔，嘿嘿～

早期卡提根威爾斯柯基，分為臘腸型與狐狸型兩種。

我是臘腸犬、巴吉度獵犬等血統的後裔！

威爾斯有很多高地，自古以來畜牧業就十分發達，牧民們在中世紀時必須向領主租借土地……

領主大人，我可以在土地上養羊嗎？

好，我批准。

由於這時租借的土地，就是家畜移動範圍的大小，

如果想租更多土地，那就要讓羊四散開來才行。

這樣一來，便需要能讓家畜散開的牧犬。

跑開！

最適合！

由我來擔任這個角色！

但隨著時間流逝，土地制度也跟著改變，開始用圍籬區分牧場的範圍。

卡提根威爾斯柯基犬的工作迅速減少，漸漸只剩富裕人家飼養。

陷入了絕種危機……

幸好受到虎斑（brindle，花花綠綠的斑點）血統的影響，柯基才得以延續命脈，發展成今天的卡提根威爾斯柯基犬。

西元940年左右，威爾斯的法典上也出現與柯基相關的紀錄。

要是危害或偷竊狗（cur），將受到嚴厲的懲罰。

威爾斯法典

可以照顧家畜、看家，甚至能驅除害蟲的萬能犬。

而且牠又長得超級好看！

挺胸！

牠的多才多藝，甚至讓住在卡提根丘陵地帶的人，不願意讓外界的人知道有威爾斯柯基的存在。

所以我們一直到最近才比較為人所熟知！

噓—！

讓我們來說一個在威爾斯自古流傳下來的傳說。很久很久以前，在威爾斯的一個小村莊裡，住著和睦的一家人，孩子們每天都會幫忙父母出去牧羊。

姊姊！這裡好像有東西！

晃動－

是狐狸嗎？

要帶回家嗎？

是狗吧？

好可愛喔！

好啊！

媽媽，爸爸，你們看，很可愛吧？

我想這應該是妖精送給你們的禮物。

妖精嗎？

是啊，聽說妖精都騎著這種狗去戰鬥或搬運行李呢。

你們看牠的背上，是不是有韁繩的痕跡？這就是證據！

啊，真的吔！

妖精大人，謝謝您！我們一定會好好珍惜牠們！

而這些小狗長大之後，為牧羊帶來很大的幫助。

我們就是潘布魯克威爾斯柯基犬！

通常會剪掉潘布魯克的尾巴作為納稅的象徵，或是避免被牛羊踩到。

抱歉

啊啊

媽阿—！

也因此當時會留下許多短尾的潘布魯克，或是刻意透過美容修剪成短尾，但最近的流行趨勢卻開始反過來。

有尾巴的我更可愛吧？

體型跟耳朵的大小都比卡提根要小一些，外表則更像狐狸。

在威爾斯潘布魯克地區飼養的牧犬潘布魯克威爾斯柯基，

擁有北方狐狸犬的血統，嚴格來說跟卡提根是不太一樣的犬種。

據信是西元12世紀左右，由法蘭德斯地區的紡織工人帶到威爾斯。

法蘭德斯

潘布魯克的起源有兩種，分別是工人從故鄉帶來的狐狸犬。

也就是現在的博美、薩摩耶、凱斯犬的祖先！

以及西元9至10世紀，跟著維京人一起帶到威爾斯的狐狸犬。

「維京犬」
瑞典牧羊犬

和潘布魯克地區的狗混種之後，就成了現在的潘布魯克威爾斯柯基。

根據當時威爾斯的法律，一頭牧犬的價值相當於一頭公牛，十分珍貴。

潘布魯克威爾斯柯基十分敏捷，而且體型較為扁圓，不僅適合自由地在牛、羊、短腿馬之間穿梭，咬牠們的後腳，

也可以避開牛生氣時揮動腿的動作。

順帶一提，潘布魯克與卡提根雖然外表有些不同，但到了西元19世紀被分類為同一種狗，並進行同種交配。

因此現在血統混在一起，就長得越來越像了。

一直到1934年才被認定為不同的犬種喔！

潘布魯克威爾斯柯基在西元12世紀理查一世時，開始受到英國王室的喜愛，尤其現任英國女王伊莉莎白二世，就是全球知名的柯基愛好者。

她從小就非常喜歡威爾斯柯基。

父親喬治六世曾在1933年時，為了女兒養了一隻名叫「杜基」的柯基犬。

從那之後一直到現在，她都持續飼養威爾斯柯基，是真正的威爾斯柯基愛好者。

身上隨時帶著零食是基本原則！

女王會親自照顧這些狗，更會依照牠們的喜好準備食物。

今天我想吃五分熟的牛排！

聖誕節的時候，還會送牠們裝滿零食的聖誕襪。

女王在位期間共養了超過30隻潘布魯克威爾斯柯基。

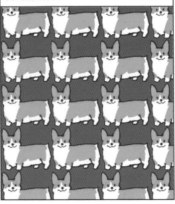

也會經常到白金漢宮庭院角落的狗墓園去撫摸墓碑。

甚至有人將女王與柯基一起現身的模樣製成青銅雕像。

威爾斯柯基可說是名副其實英國王室吉祥物！

彷彿是要證明英國王室對柯基的愛一樣，2011年為紀念威廉王子的皇家婚禮，甚至製作「全世界最大，專為狗製作」的威爾斯柯基造型蛋糕。

對威爾斯柯基的關注與愛擴散到全世界，美國加州的寵物海水浴場，每年都會專為威爾斯柯基舉辦慶典「柯基海灘日」（So Cal Corgi Beach Day）。

由英國著名糕點師蜜雪兒・威寶溫花費三星期的時間製作，展示在倫敦塔橋附近。高177公分重達68公斤，創下金氏世界紀錄。

近來韓國節目《給狗糧的男人》中也出現過大、中、小型的柯基。

演出《一日三餐》的柳海鎮所養的寵物狗小冬，也虜獲了許多觀眾的心。

動畫《星際牛仔》中的天才小狗「愛因」也是威爾斯柯基！

溫馴、友善且充滿好奇心的潘布魯克威爾斯柯基。

打滾 打滾

與開朗又淘氣的和平主義者，卡提根威爾斯柯基，

牠們有著像剛烤好的麵包一樣圓滾滾的屁股，

以及像狐狸一樣漂亮的臉孔。

自憑藉短腿縱橫大草原驅趕羊群的能力發展出的活力。

威爾斯森林妖精的朋友，威爾斯柯基。

即使不是妖精，看見牠們夢幻的外表，
任誰都會像被施了魔法一樣被收編。

個性：**精力旺盛、判斷力敏銳、行動敏捷、聰明且對主人十分忠誠**
推薦空間：**獨棟住宅／庭園住宅**
運動量：**多**
應注意疾病：**眼睛疾病、肝臟疾病**
掉毛狀況：**多**

16

Border Collie
邊境牧羊犬

擁有高雅的外貌又聰明，
是來自英國的經典牧羊犬。

「全世界最聰明的狗」，

E=mc²

正直又願意犧牲奉獻，

早安！

報紙給妳！

擁有特殊能力，

狠瞪！

嗚

讓我們來認識最特別的邊境牧羊犬。

「狗的智力是以執行命令的速度為標準來評斷，
所以和實際的智能並沒有直接的關聯性。
即使有些狗排名比較低，也不能說牠們比較笨！」

首先，邊境牧羊犬英文名字中的「Collie」是怎麼來的呢？總共有三個說法。

第一種說法是來自於「驅趕黑色羊群的狗」的意思！

在盎格魯薩克遜語中，「col」是黑色的意思，由於蘇格蘭地區的羊都是黑臉，所以被稱為「Colley」，而驅趕這些羊的狗就被稱為「Collie」。

Colleys Coalies

第二種說法是源自於蘇格蘭語指稱狗的「Cailean」「Coilean」。

Doggie!

狗狗!

就像我們現在會用「狗狗」來表達親密感一樣的叫法。

最後一種說法是來自於德語中的「kuli」。

這個字是代表從事勞力工作的人，在驅趕羊群這方面我超有自信喔！

一開始不是叫做邊境牧羊犬，而是蘇格蘭牧羊犬。

因為是在蘇格蘭趕羊的狗，所以才會這樣叫。

隨著邊境牧羊犬一隻擁有特殊能力的子孫，停留在蘇格蘭與英格蘭的交界處之後，才開始被稱為「邊境牧羊犬」，代表「在國境線附近趕羊的狗」的意思。

Border
：國境線

詳細的故事之後再說！

1800年以前，邊境牧羊犬的歷史一直非常神祕，無法得知什麼明確的資訊，只有幾種說法而已。

我來介紹四種說法！

可信度最高的說法，是斯堪地那維亞人用於飼養馴鹿、獵鹿的畜牧兼獵犬，然後被維京人帶到其他地方。

維京人入侵蘇格蘭等英國地區時，將狗一起帶過來！

第二種說法是被羅馬人帶來的。

牧羊犬型的狗會出現在英國，是西元43年羅馬人占領現在的英格蘭與威爾斯時的事情，

因為歐洲大陸上也有許多牧羊犬和邊境牧羊犬很像！

法國狼犬　　格羅安達犬

另外一種說法則是凱爾特人的牧羊犬。

KELT.

最後是在凱爾特人與羅馬人來到之前，由英國的原住民飼養的犬種。

綜合這些假說，可以得知邊境牧羊犬的祖先，混合了羅馬與凱爾特、德國與斯堪地那維亞的血統。

斯堪地那維亞
羅馬
德國
凱爾特

也有人推測牠是格雷伊獵犬與西班牙獵犬的混血。

232 犬的誕生

推測是因為這些祖先與後來英國的牧羊犬混種，就讓邊境牧羊犬成為現在的樣子。

體型是中型犬的大小，卻非常結實。

這樣的邊境牧羊犬經歷了一個世紀以上的能力強化配種，

成為現在全球最出色的牧羊犬。

威一風

英國自古以來牧羊產業就十分發達。

因為自然環境很適合養羊！

咩～
咩咩
咩咩耶～

羊毛產業是英國的主要產業之一，顯示牧羊在英國佔據極高的比重。

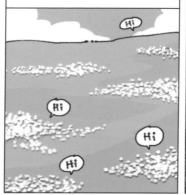

Hi
Hi
Hi
Hi

也因此牧羊犬是牧場不可或缺的存在，更是國家財產之一。

你是珍貴的朋友，也是我的家人。

牧羊人讓最優秀的牧羊犬相互交配，這些牧羊犬也配合各地區的需要，發展出不同的特性。

威爾斯的威爾斯牧羊犬　　蘇格蘭高地的高地牧羊犬

隨著各式各樣的畜牧方式，許多不同的犬種都開始擔任牧羊的工作。

我會咬會叫！

我都叫！

我會輕輕咬牠們的腳後跟！

其中出現了一種能力非常優秀，會環繞在羊群周圍引導羊群的狗。

但牠們的缺點就是會用輕輕咬羊或是吠叫的方式來驅趕羊群，有點吵就是了。

牧羊人很自然地開始競爭哪一種牧羊犬比較優秀。

要不要看看我們家狗的實力？

我家的狗才最厲害好嗎？

1873年舉辦了第一屆牧羊犬大賽。

那就來比比誰才是最厲害的牧羊犬！

牠就是所有邊境牧羊犬的祖先，來自英格蘭北部諾桑比地區的牧羊犬「老漢普」。

在這場比賽中，有一隻狗十分活躍，令眾人感到驚訝。

騙狗啊！

牠到底是誰?!

老漢普有著優秀的能力，牠不咬也不吠，以靜靜凝視羊群的方式讓羊群聚集。

銳利!!

牠只是壓低身體盯著羊看，羊群就會聽老漢普的話去做！

喂，我們去旁邊啦，牠超可怕。

盯一

這種史無前例的趕羊能力，令人們驚訝不已。

號外 TIMES

老漢普！
牧羊犬的新指標！

牠的特殊能力，
令所有人
驚訝……

我想要跟老漢普一樣的牧羊犬！

這真是牧羊犬界的革命！

我也要！
我也要！ 我也要！
我也要！
我也要！
我也要！ 我也要！

但老漢普只有一隻，這也沒辦法教或傳授給其他牧羊犬，該怎麼辦？

那這樣如何？

最後就從老漢普的孩子中，挑選擁有相同能力的狗繼續繁殖。

結果使得老漢普成為「邊境牧羊犬之父」。

我留下約200隻子孫。

邊境牧羊犬始祖

又名「羊群眼」的這種能力，就是邊境牧羊犬的特徵。

Herding EYE

1860年，維多利亞女王造訪蘇格蘭的巴摩拉城。

在這裡看見長毛的牧羊犬，便對牠一見鍾情。

很快成為最受歡迎的蘇格蘭牧羊犬！

此外，19世紀後半開始重視牧羊犬的外表更勝趕羊的能力。

超漂亮！！

哇啊啊

便開始與蘇俄牧羊犬等外形漂亮的犬種交配，使外貌更加美麗。

蘇俄牧羊犬是優雅的代名詞！

但身為牧羊犬的出色能力也跟著減弱。

從這時候開始，就會開始區分犬展用牧羊犬跟工作用牧羊犬了。

Work Show

而擁有優雅外貌與特徵的犬種，就是現在的長毛牧羊犬。

Rough Collie

我有茂密且美麗的毛！

但有一群人反對這些外貌姣好、以展為目的的牧羊犬，認為應該要保存邊境牧羊犬的能力，便在1906年建立了國際牧羊犬協會（ISDS, International Sheep Dog Society）。

他們堅持不看外表，只重視能力！

我們覺得牧羊犬最令人驕傲的趕羊能力非常重要，外表不重要！外貌至上犬展走開！

這可以說是和其他犬種非常不同的狀況，後來也對優化邊境牧羊犬品種帶來很大的影響！

能力至上

邊境牧羊犬的名字是在1915年由ISDS訂定。

既然老漢普的子孫主要分布在邊境地帶，

為了跟犬展的牧羊犬區分，就叫牠們「邊境牧羊犬」吧！

在世界各主要育犬協會要正式承認邊境牧羊犬時，各方也有許多不同的意見。

我們邊境牧羊犬完全不重視外形的標準，只有能力才是最重要的！

反對犬種標準化！

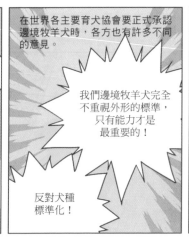

雖然已經獲得美國犬業俱樂部（AKC）與世界畜犬聯盟（FCI）承認，但現在大多邊境牧羊犬愛好者，仍然反對以犬展為主軸的犬種標準。

邊境牧羊犬不是犬展狗，是看重能力的狗，我們擔心

以外表作為評斷標準的形式若固定下來，會使牧羊犬的能力變差。

NO NO

邊境牧羊犬伶俐又親人，運動能力也十分出色，很快在犬隻運動大賽中嶄露頭角。

咬!!

咻!

因為能力實在太出色了，所以比賽開始限制隊上不能只有邊境牧羊犬，或是組隊時必須排除邊境牧羊犬等。

這又叫做ABC條款，是限制邊境牧羊犬的規定。

Anything But Collies

因為是全世界最優秀的工作犬，所以需要的運動量非常大，運動量不足時容易因為壓力而導致性格出現問題。邊境牧羊犬出了名地愛玩飛盤，不過如果太過勉強牠們運動，也可能導致關節或皮膚問題，請多注意不要太勉強牠們了！

而邊境牧羊犬也有許多知名的故事，像是2004年科學期刊就曾刊載，德國的邊境牧羊犬「里可」能夠理解200多個人類的單字。

奧地利的「貝西」則比牠更厲害，聽得懂340個人類的單字，更在2008年登上國家地理雜誌的封面。

以上的事例都證明了邊境牧羊犬真的非常聰明。

$$E = mC^2$$

$$= u \left(\frac{1.6606 \times 10^{-27} k}{1 amu} \right)$$

$$.924 \times 10^{-10} \left(\frac{1M}{1.60} \right)$$

我們不能不提被稱為「狗界愛因斯坦」的「切爾西」，切爾西居然聽得懂一千多個人類的單字！

我可以區分動物玩偶或是球等玩具的名字，也能夠選出特定的玩具執行特定的命令喔！

切爾西不僅能夠理解由名詞和動詞組成的句子，更聽得懂用四個單字拼湊成的句子。

切爾西！把飛盤拿到球旁邊！

是！這裡嗎？

還學會了使用動詞、受詞、介詞的基礎文法，這對海豚、黑猩猩等智商較高的動物來說都很困難，一般人更認為狗不可能學會！

不過如果要讓牠聽得懂，就必須用與一般英文文法相反的方式表達。

Take Frisbee to ball.

To ball take Frisbee.

因為牠們的專注力十分出色，會先去對最後一個聽到的單字採取行動。

邊境牧羊犬不僅聰明，更展現了十足的忠誠。這是住在美國蒙大拿州本頓堡這個城鎮的「謝普」的故事：

謝普的主人入住當地的醫院之後沒多久便過世，棺木被送回故鄉。

……

謝普有整整六年的時間，每天都到火車站等待主人回來。

？

是爸爸嗎？
很像的說……

一位站務員覺得牠很可憐，便弄了一個空間提供牠吃住，謝普很快成為車站的著名景點。

謝謝！

SHEP

1942年謝普因為聽力障礙，沒有聽見火車的聲音而送命。

SHEP

人們將謝普葬在可以俯瞰車站的懸崖上，並立了指示牌與紀念碑，紀念牠的奉獻。

SHEP

維多利亞女王時代的忠犬夏普也展現十足的忠誠，據說牠只效忠特定幾個人，對其他人都會擺出威嚇的姿態。

SHEP

另一隻擔任女王的護衛犬，執行特殊任務的邊境牧羊犬諾貝爾，則是單純、熱情又善良，據說甚至還跟女王同桌吃飯。

此外，還有《我不笨，我有話要說》當中的雷斯與妃萊，

《狗狗心事》的毛毛等，在電影裡我們也能經常看見邊境牧羊犬聰明又可愛的模樣。

2004年邊境牧羊犬成為全世界最快打開車窗的狗。

先鋒
11.34秒

還有像「貝利」在澳洲國家海事博物館負責驅趕海鷗的邊境牧羊犬。

海鷗會對停泊的船隻造成危害喔。

也會在公園裡趕鵝。

不能待在人行道上！

搖搖擺擺

或是到養老院陪伴罹患阿茲海默症的年長者。

協助視障人士等，在人類日常生活中提供許多幫助。

往這邊走！

邊境牧羊犬是如果沒有獲得工作，反而會不開心的工作狂。

‥‥不開心‥‥

有沒有事情好做……

好無聊

自古以來就是牧羊人獨一無二的好夥伴。

聰明且出類拔萃的頭腦，讓邊境牧羊犬面對任何事都能熱情地全力以赴。

咬！

起！

跳

牠們的極限究竟在哪裡？
這個問題實在很難回答。
畢竟牠們是一群
總是能夠超乎想像的傢伙！

黃金獵犬

個性：親切、值得信賴、深情且聰明

推薦空間：公寓／獨棟住宅／庭園住宅

運動量：多

應注意疾病：關節炎、肥胖、皮膚炎、白內障

掉毛狀況：多

拉布拉多

個性：聰明沉著、很會忍耐、親切外向

推薦空間：獨棟住宅／庭園住宅

運動量：多

應注意疾病：關節炎、肥胖、皮膚炎、眼睛疾病

掉毛狀況：多

17

Golden Retriever
黃金獵犬

Labrador Retriever
拉布拉多犬

柔軟又華麗的金黃色毛髮、個性開朗且可靠、忠誠，
不易生氣的黃金獵犬，以及活躍於社會各界、
令人感激的拉布拉多犬。

喜歡玩水，

嘩啦

嘩啦

天生享受學習，

希望讓他人幸福，

牠們就是狗界的天使！和平主義者，黃金獵犬與拉布拉多犬。

位於加拿大東岸紐芬蘭拉布拉多省的聖約翰。

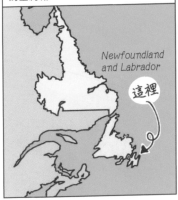

Newfoundland and Labrador

這裡

自西元18世紀起，便不斷培育出水性極佳的救難犬。

超大型水狗
紐芬蘭犬

聖約翰水狗

即使在水都要結凍的寒冷天氣裡，牠們仍能夠用各式各樣的方法幫助人們工作。

也可以回收漂離岸邊的網子！

嗆

不僅能夠救助溺水的人，

更能夠拉著小船在水裡前進！

可以抓住跳到網子外頭的魚！

啪噠

啪噠

西元19世紀，政府開始對狗主人課徵高額稅金，使得狗的數量自然減少，聖約翰水狗也因此漸漸越來越少，最後絕種。

你必須要付更多稅金喔。

呼！

幸好運載鱈魚的貿易商船，往來於歐洲的港口之間，進而將部分的狗帶到英國。

這些狗就成了黃金獵犬與拉布拉多犬的祖先。

先來聽聽我黃金獵犬的故事吧！

245

19世紀中期，蘇格蘭富裕階層之間十分流行獵鳥運動。

自然開始關注起能夠把鳥叼回來的狗。

狩獵鳥類時需要能夠往來於陸地、河流、蓮池、濕地等任何地形，將獵物回收的狗。

嗚

掉進水裡了，放棄好了。

隨著槍枝技術的演進，打獵的距離漸漸越來越遠。

我記得明明是掉在這附近的啊？

於是人們開始努力培育最優秀的尋回犬，希望將牠們飼養成在任何環境下，都能確實回收獵物的專業回收犬。「尋回犬」即為「回收」之意，是由英文單字「retrieve」演變而來，原意為「回收者」。

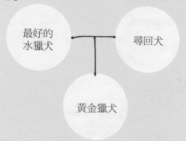

最好的水獵犬 —— 尋回犬

黃金獵犬

最後是達德利庫茨，也就是後來的特威德茅斯男爵，在他的領地內培育出黃金獵犬，那裡也是舉辦黃金獵犬聚會的地方。

「伊薩千莊園」

1865年，特威德茅斯男爵帶來黑色鬈毛尋回犬＊當中唯一一隻擁有金色毛髮的小狗。

「諾烏斯」
(Nous)

與當時狩獵能力出眾的特威德西班牙水獵犬＊配種。

我的名字叫做「貝兒」！

1868年，這兩隻狗之間生了四隻母狗，牠們成了黃金獵犬的發展基礎。

♫我們是～黃金獵犬的～始祖～♪

艾達、柯蘿科絲、考絲麗、普林蘿絲

＊ 黑色捲毛尋回犬：由紐芬蘭地區的水狗與尋回犬發展而成的犬種，也是現在平毛尋回犬的始祖。

＊ 特威德西班牙水獵犬：飼養在當時英格蘭與蘇格蘭的交界地區，是一種以捲毛為特徵的犬種，現在已經絕種。

後來又再和特威德水獵犬、愛爾蘭蹲獵犬、聖約翰水犬、黑色鬈毛尋回犬交配，

便繁衍出活潑、溫馴且聰明，嘴巴較柔軟，善於叼回物品的黃金獵犬！

不僅聰明，還有在任何地形都能回收獵物的能力！

一直到19世紀末期，黃金獵犬都還被看成是平毛尋回犬的金黃色版本（黃金平毛）。

同種？

不同色！

但到了1913年英國創立黃金獵犬俱樂部，英國育犬協會也認證黃金獵犬為獨立的犬種。

賀

黃金獵犬
俱樂部

1920年便以黃金獵犬之名正式獲得認證。

我就是這樣的狗。

黃金獵犬

遞

黃金獵犬繼承了祖先回收物品的本能，是回收物品的專家。

我喜歡把物品撿回來或咬回來的遊戲！

是善於搜索救援、探測毒品與爆裂物的優秀探測犬。

嗅嗅

也是協助視障人士、聽障人士的輔助犬、治療犬、救助犬。

錢包在這裡！

謝謝！

牠們善於社交且喜歡撒嬌，很容易接納人或其他動物，是喜歡小孩、個性開朗又溫馴的和平主義者。
喜歡接受訓練，面對各種情況的判斷力與應對能力也很強。

黃金獵犬的嘴巴很柔軟，不僅能叼回獵物，更能不留任何痕跡地叼起報紙。

順帶一提，在兩歲之前牠們可說是嬌生慣養又充滿好奇心，非常愛惡作劇。

是誰把花田破壞成這樣的?!

但傳說(?)到了兩歲以後開始變得沉穩，三歲開始會變得十分乖巧。

...從容～....

牠怎麼回事？

黃金獵犬的故鄉加拿大，有一隻非常特別的黃金獵犬。
這隻叫做「笑臉」的黃金獵犬，是加拿大急救治療
團體聖約翰救援隊認證的治療犬，先天盲眼。

雖然看不見，
但我自己也能做到
很多事。

兩歲時被一位叫做喬安的女性從繁
殖場救出，起初雖然對外界感到十
分恐懼，但後來漸漸卸下心防。

喬安發現笑臉有強大的交流能力，
便幫助笑臉成為治療犬。

認證領巾

笑臉獨特的爽朗微笑與天真浪漫，帶給需要醫療的人勇氣與慰藉。這些事蹟隨
著網路與書籍廣為人知，帶給許多人希望與快樂。

黃金獵犬演出的電影有《看狗在說話》（1993），

迪士尼動畫《天外奇蹟》（2009），

《飛狗巴迪》系列，

我是字典裡沒有放棄的黃金獵犬。

以及《神犬也瘋狂》系列共九部電影。

喜歡黃金獵犬的明星有成龍等人。

終於輪到我了！
我跟黃金可以說是親戚喔！

拉布拉多和黃金獵犬雖然有聖約翰水狗與紐芬蘭等共同的祖先，但後來漸漸發展成不同的犬種。

黃金　拉布拉多

而且雖然叫做拉布拉多，但並不是來自拉布拉多，而是來自紐芬蘭島。

拉布拉多的毛比較短，相較於黃金獵犬，毛色更多元。

叫做拉布拉多的原因，其中一個說法是為了防止與紐芬蘭的犬種混淆，才使用鄰近的拉布拉多為名。

因為已經有叫做紐芬蘭的狗了。

跟溫馴且多擔任治療犬的黃金相比，拉布拉多警戒心較高，多擔任守衛住家的看門狗。

另一種說法則是源自於葡萄牙語中「工作狂」的意思。

Lavrador
：工作狂

還有一種是透過加拿大的拉布拉多海向外傳播等說法。

拉布拉多海

將這種狗帶到英國的人，是19世紀初的馬姆斯伯利伯爵二世。

唰啦啦…

前往～英國吧～

一開始叫做「小聖約翰」「小紐芬蘭」等名字。

因為我比聖約翰跟紐芬蘭再小一些！

超大型

後來馬姆斯伯利伯爵三世首次提及自己的狗叫做拉布拉多，之後人們便開始稱牠為拉布拉多。

拉…布…多…

1880年代馬姆斯伯利伯爵三世與巴克盧公爵六世、休姆伯爵十二世等貴族合力。

為了確立拉布拉多這種狗的地位，我們一起努力吧！

團結

他們找了許多犬種投入這個計畫，這些孩子（巴克盧公爵從馬姆斯伯利伯爵那裡帶來的巴克盧亞雯與奈德）被視為現代拉布拉多的直系祖先。

Buccleuch Avon

Buccleuch Ned

拉布拉多在狩獵時展現優秀的回收獵物能力。

我都依照順序叼回來了！

並透過改良漸漸變成現在我們看到的樣子。

在1903年獲得英國育犬協會認證。

現在拉布拉多成為查緝毒品、爆裂物、軍犬、追蹤犬、警犬、視障與聽障輔助犬、人命救助犬等工作犬中不可或缺的犬種之一。

聞聞一

牠們的學習能力非常優秀，也很熱愛學習，面對訓練不會嫌累。

雖然對人很友善，但也有保護家人的責任感，所以也能擔任顧家的工作。

牠們也跟黃金獵犬一樣，到兩歲之前都很調皮，但在那之後會變得非常穩重。

從容～

對拉布多來說三歲是什麼？

牠們溫馴、忠誠又樂天，
很會忍耐而且非常熱情。

非常喜歡水且皮膚很厚，即使在冰水當中也不太會感到寒冷。
由於有不太容易被水浸濕的短毛，
所以甚至傳說牠們是紐芬蘭的犬種與水獺生下的狗呢。

與拉布拉多有關的知名作品，包括記錄新婚夫妻與淘氣拉布拉多生活的電影兼小說《馬利與我》。

韓國電影《人狗奇緣》。

以及記錄導盲犬一生的電影《再見了，可魯》。

近來天才拉布拉多「Hoya」讓所有人驚豔。

我不是只會記住單字，更能夠判斷當下的狀況，通過天才犬測試，成績進入前百分之五呢。

從打掃到洗衣，牠不僅能做五十多種家事。

噓……

擦擦

一下就能清理弟弟「Hodol」的尿尿

更能夠獨自去購物，並準確地買回指定的物品，天資聰穎令大家驚嘆不已。

區分大蔥和珠蔥對我來說是一件小事！

輔助犬「安達爾」幫助在波斯灣戰爭中受傷的主人艾倫·帕頓。

我幫助半身不遂加上頭部受傷的艾倫，能夠正常地過日常生活。

謝謝你！

當艾倫遇到交通意外時，

砰！

牠將艾倫從馬路中間拖到安全的地方，並從輪椅上將毯子拿來蓋在艾倫身上。

因為體溫不能降低……

嗚…呃… 蓋ー

把手機拿近艾倫的臉，

快起來……手機在這裡……

呃呃呃…

並向著附近吠叫請求協助。

汪 汪

快來幫幫忙啊！

為了找人協助，還跑到附近的飯店去，展現出準確的判斷能力。

HOTEL

去那裡一定有人可以幫忙！

安達爾展現的勇敢與奉獻精神令人們感動，於是便授予牠動物所能獲得的最高榮譽PDSA金獎章。

我總共拿到十個獎，是全世界拿到最多獎的狗，還引起討論喔。

安達爾也是第一隻搭上倫敦摩天輪倫敦眼的狗，更是第一隻操作自動提款機的狗，記錄這些故事的書出版後還成為暢銷書籍。

255

就像這樣，拉布拉多就是聰明又有判斷力，能在許多不同方面提供人幫助的狗。

甚至可以說牠們的人生目標就是讓人開心。

看見拉布拉多這些為人著想的和平主義者，

或許會覺得天使化身成狗狗的模樣來幫助人類呢。

如何正確地幫狗狗梳毛

幫狗梳毛不僅能夠梳開糾結的毛髮、清除髒汙，更能夠刺激皮膚促進血液循環，所以最好每天梳。

短毛犬（小獵犬、吉娃娃、珍島犬等等）
從反方向梳毛以讓毛豎起之後，再順著毛生長的方向梳一次。

長毛犬（貴賓、西施、馬爾濟斯、比熊犬等等）
將身體分成上半部和下半部，從下半部先開始整理，然後再移動至上半部。重點就是先用梳子梳開毛尖，然後再從毛根的附近往外梳。

梳子種類

針梳　長毛犬用，請選擇比狗毛更長的針梳。
豬毛刷　短毛犬用，適用材質較軟的橡膠或豬毛製成的短刷。
梳子　基本上來說更適合長毛。
不鏽鋼軟針梳　適合用來讓貴賓犬或比熊犬等長毛犬的毛更蓬鬆，或是將糾結的毛梳開。

　針梳　　　　　豬毛刷　　　　梳子　　　不鏽鋼軟針梳

不同季節的梳毛

春天　冬天的毛掉落、夏天的毛漸漸長出來的時期。身體容易變髒也容易得皮膚病，所以要仔細照顧。

夏天　四月之後的夏季是容易得狗虱和跳蚤的季節，建議散完步之後立刻梳毛。

秋天　由於要進入冬天，底層毛開始長出來，所以最好仔細梳理。這時期多幫忙按摩有助於促進血液循環，底層毛也會長得比較快。

冬天　冬天會一直有新的毛長出來，所以也很容易掉毛。建議使用不鏽鋼軟針梳等梳子，將夾在毛之間掉落的毛仔細梳掉。

個性：勇猛但不殘暴、冷靜且沉著

推薦空間：獨棟住宅／庭園住宅

運動量：多

應注意疾病：糖尿病

掉毛狀況：多

18

German Shepherd
德國牧羊犬

德國牧羊犬擁有肌肉多且曲線平滑的身材，
以及帥氣的外表、接近完美的能力，
在社會的各個角落擔任重要的任務。

魄力十足的外表與值得信賴的個性。

無論什麼都能完成，勇猛的正義使徒！

牠就是獲選為全世界最佳工作犬的德國牧羊犬。

意外地，德國牧羊犬其實是歷史比較短的犬種。

1899年才登錄喔！

是由德國軍官麥克斯·馮·斯蒂芬尼茨培育出的犬種。

我被稱為德國牧羊犬之父。

西元19世紀後半，德國全境每個地區都有各式各樣的牧羊犬。

汪 汪 汪 汪

麥克斯非常關注德國的牧羊犬。

希望能夠培育出完美又理想的工作犬來代表德國。

能不能夠綜合各地的狗，把牠們標準化，創造出最理想的德國牧羊犬呢？

但德國已很快的速度開始工業化，

嗶

比起牧羊犬，未來應該會更需要能當警犬或軍犬的狗！

於是他決定將牧羊犬培養成多才多藝的工作犬。

萬能！

哇 啊

261

1899年犬展上的一隻狗，成了德國牧羊犬的始祖。

霍蘭德·格拉夫拉特

我聰明且感覺十分敏銳，而且體力非常好。

霍蘭德是為了改良與狼相似的古代犬種而飼養的狼犬混種犬。

Wolf　Dog

麥克斯將這隻狗帶回去，並幫牠改名。

於是我得到「霍蘭德·馮·格拉夫斯」這個新名字。

接著他創立德國牧羊犬聯盟，並將霍蘭德登記為第一隻德國牧羊犬*。

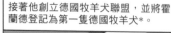

德國牧羊犬聯盟

Horand VC

他開始以霍蘭德為中心，改良德國牧羊犬。

霍蘭德·馮·格拉夫斯
Horand von Grafrath

被評為最出色的母狗
Hektor von Schwaben

霍克·馮·施瓦本
Heinz von Starkenburg

亨·馮·施塔肯堡
Beowulf

派羅特
Pilot

成為牧羊犬種標準化指標

目標是適合各種不同工作的萬能犬種！

鏘—鏘！

德國牧羊犬是以德國中部與南部的牧羊犬為基礎培養。

不僅具備趕羊的能力，更具備勇敢的個性與出色的運動神經。

跳！

* 牧羊犬的英文Shepherd，是源自於德文中的「牧羊人」。

後來又改良得更聰明。

1、昨天跟今天趕的羊加起來總共有幾頭？

182頭。

德國牧羊犬聯盟在這樣的開發過程中，導入嚴格的管理監督系統。

所有德國牧羊犬在生小狗之前，都必須要先通過智力、氣質、運動能力與健康狀態的檢驗考試才行。

吼啊啊—‼

認真！

用功！

綜觀世界上所有的犬種發展史，很難找到為了改良犬種做出這種努力的狀況。

犬種界的偶像練習生！

由於是經過縝密計畫與系統性的目標而催生出來，也使得德國牧羊犬獲得各界讚賞。

主角就是我啊我～

牠們是能夠輕鬆學會各種工作，而且能夠完美執行任務的優秀犬種。

聽說德國牧羊犬真的很會做事！

聽說牠們很聰明！

滿足

德國在第一次世界大戰時，便將德國牧羊犬訓練為軍犬，負責進行救助、保護、輔助警察、輸送與紅十字會活動。

嗅嗅

聯軍也因此得知德國牧羊犬的優秀能力，便將牠們帶回自己的國家，也使得德國牧羊犬更廣為人知。

這傢伙真的帶給我很大的幫助！

德國牧羊犬十分勇敢，而且順從、忠誠，牠們學習能力出色，是任何事都一學就會的萬能狗。目前主要活躍於警犬、救災犬、搜查犬、指示犬、緝毒犬、警衛犬、牧羊犬等領域。

德國牧羊犬被譽為具備所有狗應有的優點。

Best

但也非常需要訓練，甚至有句話說世界上沒有一隻德國牧羊犬沒經過訓練。

如果沒有好好接受訓練，就會不聽主人的話。

手!!

手給我…

不要。

手～

聽從保護者的話，對德國牧羊犬來說是一種愛的表現。

不要動！

好！主人！

雖然能力出眾，但也需要嚴格且仔細的訓練。

滾一圈後坐下！

是！

滾滾滾滾一

坐！！

必須要每天進行長時間運動與情緒訓練，所以不太適合沒養過狗的人飼養，因為牠們擁有優越的體力與耐力。

很好！

怎麼樣？

訓練目標

也因為目標是成為像邊境牧羊犬那麼傑出的工作犬，所以非常排斥犬展用的德國牧羊犬。

比起外形更重視能力！反對外貌主義！

NO

順帶一提，第一次世界大戰時，英國將這種狗稱為「亞爾薩斯狼犬」（Alsatian Wolf Dog）。

Alsatian Wolf Dog

這是因為將德國牧羊犬帶回英國的士兵，當初就駐紮在德法交界的亞爾薩斯-洛林。

居然有這麼優秀的狗，帶回去當軍犬飼養。

德國

Alsace-Lorraine

法國

這麼稱呼也是因為當時對曾是敵軍的德國很反感，想要避免將這樣的反感加諸在狗身上。

在戰爭當中，德國的東西總是會給人不好的印象。

美國則稱牠為「牧羊犬」。

不買德國貨

後來花了一點時間，才重新恢復德國牧羊犬這個名字*。

現在應該可以重新開始叫牠德國牧羊犬了吧？

對啊。

現在英國那邊還是偶爾會有人叫我亞爾薩斯喔。

並不是有另外一種叫亞爾薩斯的犬種！

* 美國犬業俱樂部是1931年登記，英國育犬協會是1977年登記。

知名的德國牧羊犬有希特勒非常喜愛的布隆迪。

據說希特勒
死前一天餵
牠吃氰化鉀帶牠
一起走。

以及經常在1920年代電影當中
亮相的強心。

和國際知名的超級明星犬任丁丁。

戰爭中被聯軍炮擊而成為廢墟的法國
洛林地區有一座飼育場，任丁丁就是
從那裡被救出來的狗。

這裡
有很多狗
還活著！

嗚嗚

汪汪

眼睛都還沒睜開的五隻小狗
緊挨在餓死的母親身邊

拯救這些小狗的鄧肯，便用象徵幸運
的玩偶任丁丁和內奈特為這些小狗命
名。

我要帶走這兩隻！

鄧肯在戰爭結束之後，將這兩隻狗帶到加州。

在他用慢速相機，將任丁丁在跳高大會上獲得優勝的場景拍下之後，

我跳了3.58公尺喔！

任丁丁便於1922年獲得在電影中飾演狼的機會，接著開始成為演員。

那傢伙會成為下一隻史特隆哈特！

我起雞皮疙瘩了，牠超投入！

嗷嗚嗚～

開始!!

尤其任丁丁演出的第三部電影《何處是北方》（1923），

"WHERE THE NORTH BEGINS" RIN-TIN-TIN

因為大賣而拯救陷入破產危機的華納兄弟，後面的作品也大受好評。

任丁丁是我們的恩人！

WARNER BROS. PICTURES

也對當時還很年輕的編劇大利‧柴納克的職業生涯帶來長遠的影響。

好萊塢草創期的知名監製，也是20世紀福斯的創始人

任丁丁共演出28部好萊塢電影，並且在1929年的第一屆奧斯卡頒獎典禮上獲得最多票。

ACADEMY AWARDS

把獎頒給動物，會不會拉低奧斯卡的可信度啊？

這又是第一屆……

好像不太好……

267

結果只能把任丁丁排除在外重新投票，讓人類 (?) 獲得這個獎。

啪 啪 啪 啪 啪 啪 啪

這也是沒辦法的⋯⋯

第一屆男主角獎埃米爾・傑寧斯

1932年任丁丁過世時，美國舉國上下一起哀悼，甚至以緊急新聞的方式中斷原本的節目播出，隔天還播出了整整一小時追思任丁丁的節目。

知名演員任丁丁過世⋯⋯哀悼人潮絡繹不絕⋯⋯

任丁丁會永遠活在我們心中⋯⋯

任丁丁的故事被寫成書籍、拍成電影。

任丁丁真的是知名演員。

RIN TIN TIN ON THE BORDER

現在好萊塢星光大道上，還能找到任丁丁的名字。

RIN TIN TIN

另一隻知名的德國牧羊犬巴弟，是第一隻獲得認證的導盲犬。

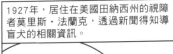

以軍犬身分活躍於戰爭的德國牧羊犬，在戰爭之後則成了為視障者服務的導盲犬，當時並不存在「導盲犬」的系統。

為了因戰爭而失去視力的軍人，才設立導盲犬學校，開始訓練導盲犬。

1927年，居住在美國田納西州的視障者莫里斯·法蘭克，透過新聞得知導盲犬的相關資訊。

聽說瑞士有一個叫桃樂絲·尤斯特絲的人，在訓練德國牧羊犬幫助視障者哦。

真的嗎？

於是他便寫信給對方。

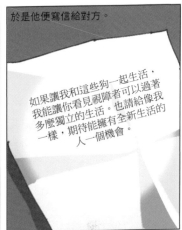

如果讓我和這些狗一起生活，我能讓你看見視障者可以過著多麼獨立的生活。也請給像我一樣，期待能擁有全新生活的人一個機會。

從桃樂絲那裡獲得正面的回應之後，莫里斯便立刻前往瑞士，認識了名叫「奇斯」的德國牧羊犬。

哈囉？

一人一狗剛開始磨合的過程並不順利。

真的能夠完全相信狗的指引嗎？

如果出意外怎麼辦？

能夠跟狗好好溝通嗎？

摸！

請相信我！我會成為你的眼睛！

從此之後，主人就完全相信我了，我們也得以成為最好的夥伴。

謝謝你。

嗚嗚…

然後牠也得到了一個新的名字！

你是我最重要的朋友，從現在開始你就叫巴弟！

隔年回到美國之後，媒體開始關注莫里斯與巴弟。

狗能夠導引視障者，這是真的嗎？

這是怎麼辦到的？

好，現在我該在所有人面前好好導引主人了，因為我就是主人的眼睛。

走吧，主人！

在過馬路之前，先看看有沒有車子要過，第一次經過的路更要注意。

吵吵鬧鬧－

喧譁

喧譁

叭－

轟隆隆

哇！難以置信，很厲害吔！

WOW!!

這可是城市中最繁雜的地段……

巴弟真是個優秀的夥伴！

哇啊啊

很好，現在前進吧！

狗居然會下判斷來導引人類，這是全新的希望！

就這樣，巴弟成為第一隻公認的導盲犬！

跟值得信賴的巴弟在一起就很踏實！

從此以後，巴弟跟莫里斯形影不離，也因此莫里斯能夠擔任保險業務的工作。

巴弟照亮了我的生命，為我帶來自由與希望。

1929年莫里斯與桃樂絲攜手，創立了導盲犬學校。

The Seeing Eye

他們透過長時間的訓練與測驗，培養出許多訓練有素的導盲犬，這間學校也成為歷史最悠久的導盲犬學校。

名校畢業生！

畢業於這裡的導盲犬都很受到信賴。

嘿嘿！

後來也有許多導盲犬學校出現，讓無數的視障者得以獲得導盲犬的協助。

不僅能幫助日常生活，更能夠讓人在情緒上產生安全感喔。

回家吧～

莫里斯與巴弟往返於美國與加拿大各地，也使得導盲犬的存在更廣為人知。

這孩子就相當於我們的眼睛。

牠不是平凡的寵物狗。

他也致力於爭取讓與導盲犬同行者，能夠進入餐廳、飯店、公共設施的權利。

請進。

除了導盲犬之外，狗也漸漸被訓練作為其他身障者的輔助犬。

叮咚叮咚

門外有聲音喔！

聽障輔助犬

導盲犬的歷史與身障者福利的歷史，可說是並行的。

狗在身障者的福利方面，扮演著很重要的角色呢。

後來在1938年，巴弟因病離開了莫里斯。

據說莫里斯為了紀念最特別的夥伴巴弟，便將其他四隻導盲犬也取名為巴弟。

能力出眾的德國牧羊犬活躍於各個領域。

在極限環境中也有牠們的身影。

更能夠熱情地成為人們的四肢與眼睛。

就算稱牠們是狗界的超級英雄也不為過！

剪趾甲

剪趾甲是飼主跟狗都很害怕的事情。雖然剪趾甲會引起寵物恐慌的原因很多，但大多都是因為一下子把指甲剪掉讓寵物覺得痛，或是寵物討厭剪趾甲的聲音等等。

1. 撫摸或跟狗狗講話，穩定牠們的情緒，幫小型犬剪趾甲時則要從後面抱住牠們。
2. 在狗狗的視線範圍之外，一次只剪一隻腳趾甲，如果牠們能夠忍受、沒有強烈反抗的話再繼續進行，這時如果表現出抗拒的反應，則要停下來撫摸、安撫牠們。
3. 可以用零食之類的物品分散牠們的注意力，或是請家人幫忙，最重要的是「不要硬剪、要快點剪完」。

耳朵照顧

把紗布纏在手指上，用水或是耳朵專用的清潔產品沾濕，不要用搓揉的方式，而是用輕輕擦拭的方式來幫狗狗清理耳朵。如果使用棉棒，可能會刮傷耳壁或將異物往內推，所以一定要用紗布或無菌棉才行。這時要仔細確認耳朵是否有異味，以及有沒有耳垢藏在其中。

養成每天刷牙的習慣

小狗第一次接觸牙刷時可能會產生抗拒感，建議可以利用棉花幫助牠們熟悉牙刷。

1. 用棉花包覆食指，稍微用水沾濕。
2. 讓狗聞一下棉花的味道，告訴牠們「要用這個東西清潔牙齒」。
3. 從後面抱住狗狗，單手撐住下巴，輕輕地把牠們的嘴巴拉開，再以棉花擦拭牙齒。
★ 比起刷完整口牙，一開始的目標應該放在讓狗狗熟悉用棉花觸摸口腔內側這件事。

可麗牧羊犬

個性：有責任感、很聽家人的話，但也有神經質的一面

推薦空間：獨棟住宅／庭園住宅

運動量：多

應注意疾病：眼睛疾病、癲癇

掉毛狀況：多（必須每天梳毛）

喜樂蒂牧羊犬

個性：熱情、對主人很忠誠

推薦空間：獨棟住宅／庭園住宅

運動量：普通

應注意疾病：眼睛疾病、癲癇

掉毛狀況：多（必須每天梳毛）

19

Collie

可麗牧羊犬

Shetland Sheepdog

喜樂蒂牧羊犬

擁有優雅的長毛與均衡的體態，宛如英國紳士般的
可麗牧羊犬；外形有如縮小版的可麗牧羊犬，
擁有小巧玲瓏身形與飄逸長毛的喜樂蒂牧羊犬，
也有人稱牠們為「謝德蘭牧羊犬」。

有著獅子般茂密的毛髮與優雅的外貌。

兼具智慧與感性的完美犬種！

各個特點都如雙胞胎般相似的
可麗牧羊犬與喜樂蒂牧羊犬，
牠們究竟是怎樣的狗呢？

可麗牧羊犬（長毛牧羊犬）原本是蘇格蘭的牧羊犬，跟邊境牧羊犬擁有相同的外形。

前面在介紹邊境牧羊犬時，也有提到蘇格蘭可麗吧？

當時最常見的顏色，大多是下面這三種。

當人們在培育犬隻的過程中開始注重外形之後，便發展出了可麗牧羊犬。

拍拍

也就是說，強調趕羊能力的邊境牧羊犬，和強調美麗外形的長毛牧羊犬，開始被區分成兩種不同的狗。

能力　外形

長毛牧羊犬重視美麗的外表與體型，因此和許多不同種的狗交配過。

愛爾蘭雪達犬

拉布拉多犬

長毛牧羊犬的特徵之一就是優雅的長臉，這是在與蘇俄牧羊犬交配之後得到的基因。

把我的優雅分給你。

BORZOI

長毛牧羊犬的特徵之一，就是黑青色的毛。

說到可麗牧羊犬，就會想到那個顏色！

這是受到1867年出生的可麗牧羊犬「老庫奇」影響,老庫奇對現代可麗牧羊犬的長相帶來深遠的影響。

像是半豎起的耳朵,以及覆蓋頸部、胸部的鬃毛等,

之後的可麗牧羊犬也開始有紅色、淡黃色等各種不同的毛色。

Old Cockie

1867年維多利亞女王曾將兩隻可麗牧羊犬送去參加西敏展,也使可麗牧羊犬開始受到矚目。

看看牠優雅的步伐!

好優雅!

好漂亮喔!

可麗牧羊犬開始廣為人知的最大功臣不是別人,就是「萊西」,多虧在韓國也相當知名的電影《靈犬萊西》,很多人開始認識到可麗牧羊犬就是萊西。

萊西是艾瑞克・奈特所寫的小說主角。

刊登在《星期六晚郵報》中的短篇小說(1938)

1940年發行單行本《靈犬萊西》(Lassie Come・Home),後來被改成電影,廣受民眾歡迎。

ERIC KNIGHT'S
LASSIE
COME-HOME

1940年出版,1943年改編成電影

故事內容描述因為家中的狀況，在無可奈何之下被賣給公爵的萊西，為了見名叫喬的少年一面，從蘇格蘭穿越1600公里的距離回到英格蘭的故事，據說是作者以真實事件為基礎撰寫而成。

第一隻演出萊西的演員叫做「Pal」，是一隻公的可麗牧羊犬。

PAL

順帶一提，Pal是訓練師魯德・韋瑟瓦克斯用10美元向朋友買來的狗。

因為牠有不好的習慣，朋友希望牠能接受訓練，所以我才會跟Pal相遇。

牠很會吠叫，而且還有會追摩托車的習慣喔！

牠的子孫也接連演出後來的萊西改編電影。

我們是Pal的子孫，也是歷代的萊西！

電影《靈犬萊西》不僅大賣，更讓演員入圍奧斯卡金像獎。

當年14歲的伊莉莎白・泰勒擔任主角的《靈犬萊西》也大獲成功。

靈犬萊西被改編成電影與電視連續劇等作品。

1954～1973年這20年間播出的電視連續劇多達591集！

到2005年的《新靈犬萊西》為止，曾改編的電影便超過10部！

・除此之外還有動畫、音樂、書籍等等。

萊西的名字也刻在好萊塢星光大道上。

更獲選為2005年美國雜誌《綜藝》「20世紀一百位代表人物」。

我跟披頭四、瑪麗蓮‧夢露、麥可‧傑克森、貓王、奧黛麗‧赫本、李小龍、卓別林、史蒂芬‧史匹柏、巴布‧狄倫、史提夫‧汪達、米老鼠、小精靈等，一起獲選為各領域最能代表20世紀的象徵，而我是唯一入選的動物明星喔！

就像作品中的萊西一樣，可麗牧羊犬聰明又開朗

跟我握手吧！

是很會忍耐，十分忠誠的犬種。

最忠誠的狗
第一名德國牧羊犬　第二名長毛牧羊犬

可麗牧羊犬主要以毛的種類分為兩種。

分別是毛髮濃密的長毛牧羊犬，

以及短毛的短毛牧羊犬，牠們比長毛牧羊犬更活潑、開朗。

那這個看起來像可麗牧羊犬迷你版的孩子呢？

雖然被稱為「小可麗」，但我其實跟可麗牧羊犬是不一樣的犬種喔！

牠就是喜樂蒂牧羊犬！

也有人叫我謝德蘭喔！

喜樂蒂牧羊犬是蘇格蘭北方謝德蘭諸島飼養的當地牧羊犬。

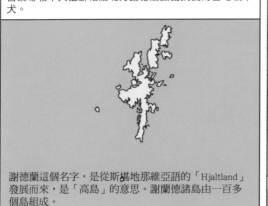

謝德蘭這個名字，是從斯堪地那維亞語的「Hjaltland」發展而來，是「高島」的意思。謝蘭德諸島由一百多個島組成。

這個地區的環境較為險峻多岩石、少綠地，而且吹著寒風，氣候惡劣且缺乏食物……

所以特徵就是動植物都長不大。

都很小！

據推測，謝德蘭島也花了很長的時間，將喜樂蒂牧羊犬小型化。

由於謝蘭德島是與外界隔絕的環境，很適合在短期之內塑造出這樣的特徵。

咩——　咩——

汪汪!!

喜樂蒂的祖先，應該是被引進謝蘭德島的狐狸犬與蘇格蘭土生土長的牧羊犬。

挪威維京人帶來的斯堪地那維亞狐狸犬

邊境牧羊犬的祖先

在幾乎沒有圍籬的島上，喜樂蒂負責的工作是避免家畜進入耕作地。

這邊過去是田，所以我們不能再過去嘍！

咩耶～　咩——　咩——

不僅是羊，就連馬、雞也都能管理，是相當萬能的狗。

咕咕

咕咕

啪沙　啪沙　啪

牠們一直以來都被稱為「Toonie」（牧場犬）。

這是從代表農場的單字發展而來的名字。

嘎嘎嘎

啪沙　啪沙

喜樂蒂牧羊犬也會驅趕鳥類保護羊群，所以現在的喜樂蒂牧羊犬才會喜歡去追像鳥這種會飛的物體。

跳!　跳!

這樣的喜樂蒂牧羊犬，在19世紀初期開始以迷你可麗牧羊犬的名號，在英國與蘇格蘭打開知名度。

聽說謝德蘭島有迷你版的長毛牧羊犬！

真的嗎？一定很可愛！

謝德蘭島的農夫們將喜樂蒂培育得更小。

鬆鬆軟軟

也在旅人的幫助之下，讓喜樂蒂牧羊犬與國王查爾斯獵犬、博美等犬種配種。

但島上的居民很快地開始擔心喜樂蒂牧羊犬會失去原本的樣子。

來收集大家的意見，試著保護喜樂蒂牧羊犬原始的模樣吧。

透過和有相同血緣的可麗牧羊犬交配，應該就能夠找回原始的模樣吧？

你說什麼啊？要用現在的喜樂蒂牧羊犬來繁衍子孫，這樣才是最接近喜樂蒂牧羊犬的樣子！

反對！

我覺得又小又可愛的喜樂蒂很好啊，也會讓牠跟其他更小的犬種交配。

小巧可愛的喜樂蒂是我的菜！

就這樣，人們花了好多年的時間爭論喜樂蒂牧羊犬應該是什麼樣子。

跟可麗！

喜樂蒂自己！

要更小！！

在20世紀初的犬展上，可以一次看到這三種類型的喜樂蒂牧羊犬。

當時的名字叫做喜樂蒂長毛牧羊犬。

Shetland Rough Collie

最後終於在1930年有了結論。

喧愕

喜樂蒂必須
是小型的
可麗牧羊犬！

喜樂蒂牧羊犬聰明又溫馴，
而且善良、很有耐心。

這個結論也使得現在的喜樂蒂牧羊犬，長得就像長毛牧羊犬的迷你版。

我們
兩隻都是
成犬喔！

因為喜樂蒂看起來就像迷你版的可麗牧羊犬，所以很多人把牠養在室內。

牠體型雖小，但畢竟過去曾經是牧羊犬，所以需要很大的運動量，必須要經常帶牠去散步。

每天早晚
各一次，
每次要30分鐘
左右喔！

去散步
嘛！

而且很聰明，會自行判斷狀況後再行動。

哎呀，這點程度
沒什麼～

住在紐約的喜樂蒂特瑞莎，就曾經去聞主人瑪麗蓮的腰部周圍。

特瑞莎，怎麼了？

聞聞

後來才發現，特瑞莎是對瑪麗蓮背上的一個黑痣有興趣。

這個也不痛，應該不用管吧。

某天特瑞莎居然跑去咬那個黑痣！

汪！！

特瑞莎的行為會不會是有什麼原因？

嗯⋯⋯我是不是應該把那個痣點掉比較好？

老公

後來她到醫院去檢查，才發現驚人的事實。

這是很危險的黑色素瘤，是不及早治療，就可能會危害到生命的一種皮膚癌。

幸好妳及早發現了

是特瑞莎救了瑪麗蓮的命！

清除對家人健康的威脅，是我的頭號使命！

史上也曾發生類似這樣的事例。

這是1989年發生在倫敦國王學院醫院的事情，有一隻混邊境牧羊犬的米克斯，一直聞一位女性患者腳上的痣，甚至還想用咬的把那顆痣咬掉，後來才發現那顆痣是個惡性腫瘤。

在這之後，法國、美國加州、義大利等地花了26年的時間研究。

狗可以透過味道感測到惡性腫瘤！

宣布！

人類的嗅細胞雖然有三百個，但狗的鼻子的嗅細胞卻高達三億個！

推

而且上顎還有一個叫鋤鼻器的輔助嗅覺器官，

透過這個雙重嗅覺系統，能夠聞出癌症獨特的揮發性有機化合物，並察覺出癌症的問題。

Jacobson's organ

但並非所有狗都能發揮這麼驚人的能力，還是要看犬種以及是否有接受訓練。

目前已經有透過患者的尿液，診斷是否罹患癌症的癌症檢測犬了！

這是危險的味道！

聞聞

如上所述，牠們是利用靈敏的嗅覺保護家人免於生命危害，靈巧又可愛的喜樂蒂牧羊犬。

其實我是歷史比可麗牧羊犬更悠久的犬種喔！

可麗牧羊犬則擁有美麗、優雅飄揚的毛，對人有著與眾不同的忠誠，廣受人類喜愛。

我有像獅子一樣，展現帝王風範的鬃毛，氣質很棒吧？

雖然是不同的犬種，卻有著極為相似的外表與熱情的個性。

同時也有出色的體力與聰明才智。

受全球喜愛的可麗與喜樂蒂牧羊犬，

只要是牧羊犬，大家都具備這種優點啦！

害羞……

我們會自己判斷、自己行動！

牠們就像兼具美麗與智慧的全方位藝人，是我們最可靠的夥伴，也是最重要的朋友。

西伯利亞哈士奇

個性：看起來很冷漠，但卻很喜歡人類、善於察覺主人的心情

推薦空間：獨棟住宅／庭園住宅

運動量：多

應注意疾病：眼睛疾病、外耳炎

掉毛狀況：多

阿拉斯加雪橇犬

個性：熱情、親切、有耐心、溫馴且安靜

推薦空間：獨棟住宅／庭園住宅

運動量：多

應注意疾病：關節炎、腎臟炎、肥胖

掉毛狀況：多

20

Siberian Husky
西伯利亞哈士奇

Alaskan Malamute
阿拉斯加雪橇犬

西伯利亞哈士奇耳朵小巧且高高豎起、眼神十分銳利，
五官十分敏銳且反應迅速，忠誠又令人感激。
阿拉斯加雪橇犬則有著優秀的體力與耐力，
是北極圈歷史最悠久的雪橇犬。

外表像狼一樣非常有魅力，

但很開朗、樂天，又有一顆溫暖的心。

最後的主角是西伯利亞哈士奇與阿拉斯加雪橇犬！讓我們來了解給人感覺十分可靠的牠們吧！

哈士奇跟阿拉斯加雪橇犬都是北方的狐狸犬種，根據DNA分析結果，牠們是最古老的犬種之一。

古代犬！

哈士奇來自西伯利亞東北方邊境，是楚科奇半島上的楚科奇族人所飼養的寵物狗。

楚科奇海

楚科奇半島

俄羅斯

阿拉斯加

我們擁有三千年的悠久歷史喔。

拉雪橇、驅趕馴鹿、協助狩獵等等，楚科奇人的生活與哈士奇密不可分。

我們的耐力也很好，對工作的欲望很強烈。

走走走

哈士奇這個名字的由來，有一種說法是因為叫的聲音很低沉、沙啞，所以才叫做哈士奇。

汪汪汪

汪

也有一種說法是從愛斯基摩人的簡稱「愛斯基」衍生而來。

意思是愛斯基摩的狗！

順帶一提，其實我們正確的名字是因紐特人喔。

西伯利亞哈士奇、阿拉斯加雪橇犬、薩摩耶犬有親戚關係。

尤其哈士奇跟雪橇犬外形非常相似，經常有人搞混。

我們～都是～親戚～

這三種統稱為阿拉斯加哈士奇，是許多不同的犬種交配後產生的犬種。

過去的雪橇犬並沒有區分犬種，長相也非常多變。

當俄國軍隊為了獲取毛皮，入侵楚科奇族領地的時候，

重武裝部隊來了！
大家快逃！

噠噠噠噠噠
噠噠　噠噠

楚科奇族利用西伯利亞哈士奇拉的雪橇，迎戰俄國軍隊並獲得勝利。

搶回屬於我們的珍貴土地！

這是周遭任何一個部族都辦不到的事情，也使得他們能與俄國簽下獨立的條約。

要是沒有哈士奇，我們就不可能活下來！

而西伯利亞哈士奇是在西元20世紀初首次為世人所知。

是因為俄國的毛皮商人威廉‧古薩克向世人展現雪橇犬。

他用當時還鮮為人知的哈士奇組織雪橇隊伍，參加1909年舉辦的「阿拉斯加雪橇競賽」雪橇犬大賽。

這是個要從阿拉斯加的諾姆到坎德爾，往返657公里的比賽。

當時的雪橇犬腿很長、塊頭很大，相對較小的哈士奇並不受到關注。

好小

因為是18～24公斤的小狗，所以還被嘲笑是「西伯利亞老鼠」……

但哈士奇卻以驚人的速度和耐力活躍於比賽，吸引眾人關注。

一位年輕的蘇格蘭青年福克斯‧拉姆齊注意到這一點，便為了尋找優秀的哈士奇前往西伯利亞。

我總共帶走了60隻優秀的哈士奇！

隔年，他利用西伯利亞哈士奇組織三隻隊伍參加雪橇比賽，結果如何呢？

福克斯拉姆齊隊

查爾斯拉姆齊與約翰強森隊

史都華與查爾斯強森隊

哈士奇隊

創下了令人難以置信的紀錄！

嗒

第一名！
查爾斯拉姆齊與約翰強森隊！
74小時14分37秒！

愕！

第二名！
福克斯拉姆齊隊！

史都華與查爾斯強森隊
第四名！

順帶一提，這次比賽創下的紀錄是史上最佳紀錄。1983年比賽75週年紀念時，

曾經以同樣的路線和規則舉辦一場特別的紀念賽，當時獲勝的李克‧史文森隊，都比1910年的紀錄還要慢10小時呢。

李克是在艾迪塔羅德狗拉雪橇比賽獲得五次勝利的專家喔！

後來又在2008年舉辦一百週年紀念比賽，最後以61小時29分45秒打破當年的紀錄！

哇

啊！

後來哈士奇的名聲，又因為歷年來在大賽中獲得三次優勝的傳說雪橇手萊恩哈特‧塞帕拉（1877～1967）而提升。

塞帕拉是訓練哈士奇的專家，他曾為第一組抵達南極點的阿蒙森探險隊訓練哈士奇。

他曾在1915～1917年連續三年得到雪橇比賽優勝，而雪橇比賽則在1917年畫下句點。

使哈士奇聲名大噪的關鍵因素，就是1925年的血清運送行動。

1925年1月

諾姆發生了白喉病！情況非常緊急，必須盡快把血清送到諾姆才行！

飛機無法承受嚴寒的天氣，沒有飛行員，情況又很緊急，必須想想其他辦法！

看來只能先用鐵路運輸，然後再用雪橇犬送過去了。

火車只能行駛到尼納納，但從那邊到諾姆超過一千公里！

那讓雪橇犬分別從尼納納和諾姆出發，在中間點相會，這樣是最好的方法。

不能再拖下去了！現在立刻去組織一隊雪橇犬隊！

最後決定動用150多隻雪橇犬和20名雪橇手，在零下50度的嚴寒天氣裡展開超過1100公里的血清運送接力。

在這個計畫當中，最優秀的雪橇手塞帕拉，負責從諾姆前往中間點努拉托取得血清，然後再回到諾姆。塞帕拉讓聰明又有領導能力的12歲「多哥」擔任隊長，以20隻哈士奇組織隊伍之後便出發。根據當時的紀錄，從諾姆到努拉托通常需要30天。

這是唯一可以拯救村子不被傳染病破壞的希望，走吧，多哥！

從1月27日到31日已經跑了146公里的塞帕拉，當時正前往沙克圖利克。

距離努拉托還有至少160公里！

努拉托
預定的中間點

1月27日血清出發

安全點
布拉弗
戈洛文

尼納納

諾姆
1月23日塞帕拉
團隊出發

沙克圖利克
1月31日從諾姆出發的塞帕拉隊，跑了146公里往沙克圖利克移動當中！

這時，多虧從尼納納出發的團隊日夜兼程不停地跑，血清已經通過努拉托，抵達沙克圖利克了！

鐵路

安克拉治
血清搭火車出發

在沙克圖利克等待的跑者亨利·伊瓦諾夫拿到了血清，並在那裡等了塞帕拉一段時間。

他好像還沒到！我得再往前跑一點！趕快往戈洛文出發吧！

沒有時間繼續等下去了

幸好因為在沙克圖利克近郊遇到馴鹿群，稍微拖慢了雪橇犬隊伍的速度，才遇見了塞帕拉！

啊！是塞帕拉！血清！血清在我手上！

!!

平安拿到血清的塞帕拉雖然跑了很多天，但仍然馬不停蹄地帶領疲憊的雪橇犬隊伍，再次返回戈洛文。

穿越結冰的海面是最快的方法，雖然危險，但這是最好的選擇！

汪汪！！

塞帕拉團隊在這場接力當中共往返547公里，是這段接力路程當中最長、最困難的區段，可說是這場行動中不為人知的英雄，他們也為了縮短路程，冒險穿越結冰的海面。

TOGO

在零下65度的酷寒與強風中帶領隊伍的隊長多哥

之後他從戈洛文前往布拉弗，將血清交給下一位跑者卡森與他的雪橇犬「巴爾托」，最後終於將血清平安送達。

動畫中知名的巴爾托就是我喔！

Balto

卡森在運送血清的過程中，遭遇極大的暴風。

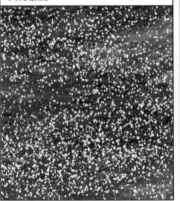

最後雪橇翻覆，裝有血清的大部分容器都翻覆在雪地上。

天啊！！

卡森只能在黑暗中徒手挖著雪地拚命尋找，最後終於找回了血清。

無論如何一定要找到血清！

咻咻咻咻

在嚴重凍傷的情況下繼續前進，並在2月2日凌晨3點，抵達下一個交接點安全點。

但下一位跑者判斷卡森會因為暴風雪而延遲，所以當時正在睡覺！

卡森沒有叫醒最後一位跑者，而是繼續跑到最後，終於在凌晨5點30分抵達諾姆，拯救居民免受傳染病肆虐！這就是總長1085公里，總計127小時30分鐘，拚上性命才完成的血清運送行動。

得救了！血清終於送到了！

哇啊啊

哇啊啊啊

哇啊啊啊

在這場英雄般的接力行動當中，
最後一位跑者帶的雪橇犬巴爾托後來被賣到洛杉磯，
最後染病，並成為人類觀賞的玩物，
但幸好企業家喬治‧坎布爾建立了基金，
讓牠與其他五隻哈士奇一起獲得英雄般的待遇，
最後在克里夫蘭動物園中安穩地度過餘生。

紐約中央公園的巴爾托銅像以下述內容，
紀念參與這次偉大接力行動的狗：

「在此紀念1925年冬天，穿越北極的暴風
雪、橫越結了冰且滿布危險的海面，奔馳
600哩從尼納納到諾姆，為了拯救人們免受
疾病所苦運送血清的雪橇犬不屈不撓的精
神。紀念牠們的忍耐、忠誠與智慧。」

萊恩哈特‧塞帕拉、多哥與其他的哈士奇，則被推崇為隱藏在行動背後的英雄，
並獲得美國各地的邀請，當時擔任隊長的多哥被認為有功，獲頒了勛章。

雖然出生時體型比兄弟小、比較虛弱，
但已經12歲的多哥竟然還能夠完成這場
偉大的接力。

阿拉斯加的艾迪塔羅德狗拉雪橇本部
博物館裡，收藏有多哥的毛皮標本，
而多哥的骨頭則由耶魯大學皮博迪
自然史博物館收藏。

為了紀念這場偉大的血清運送行動，同時也延續阿拉斯加悠久的雪橇路線「艾迪塔羅德路線」，便在1973年以後，每年3月都會舉辦艾迪塔羅德狗拉雪橇比賽。這是在沒有鐵路的阿拉斯加，由雪橇犬開闢出來的路線，雖是為了保存阿拉斯加的雪橇犬文化，但也有人站在保護動物的立場而反對。每年比賽都會以南北兩條路線交替舉辦。

IDITAROD

諾姆

威洛

要從威洛跑到諾姆，大約1868公里！

被楚科奇族人視為家庭的一員，
獲得尊重與愛護的西伯利亞哈士奇，天性樂觀且友善，
很適合跟孩子玩在一起，也是非常活潑的犬種，
需要極大的運動量。

另一方面，跟哈士奇外表十分相似的雪橇犬同樣來自阿拉斯加，是諾頓灣因紐特人馬拉穆特部族飼養的寵物。

MAHLEMUT

「Mahle」代表部族的名字，再加上代表村莊的「mut」組合成這個字。

MALAMUTE

阿拉斯加雪橇犬的另一個名字「馬拉穆」也是源自此！

牠們同樣也是狩獵食物、搬運物品、遠距離移動時的唯一交通手段。

嘿咻嘿咻～充滿活力的美好早晨！

牠們體型龐大且有力，是能夠在生活中幫助人類的工作犬，也被認為是家庭的一分子，非常寶貴。

啊嗯

啊嗯

世人認識阿拉斯加雪橇犬的契機，是1896年發生的克朗代克淘金熱。

加拿大西北部育空地區的克朗代克發現金礦，有許多淘金客大量進駐。

Gold

隨著淘金客利用阿拉斯加雪橇犬將行李從港口運到克朗代克的同時，人們也開始認識這種狗。

在零下的寒冷當中能夠拉動500公斤的行李，是強韌的雪橇犬！

一整隊的阿拉斯加雪橇犬要價十分昂貴！

再加上受到雪橇犬競賽的影響，阿拉斯加雪橇犬也開始受到矚目。

人們為了培育出跑得更快的狗，便開始讓阿拉斯加當地的雪橇犬與其他不同的犬種交配……

雪橇犬甚至因此陷入絕種危機。

幸好1920年，居住在美國新罕布夏州的伊娃‧希莉，前往諾頓灣地區尋找優秀的阿拉斯加雪橇犬，致力於拯救牠們免於絕種。

身兼雪橇犬訓練師與雪橇手的伊娃，希莉

這兩個犬系的雪橇犬，就是現在阿拉斯加雪橇犬的原形。

科策布系（Kotzebue）：是希莉創造出來的犬系，只有毛色為狼灰色的狗才能獲得認證。

謀魯特系（M'loot）：由另一位育犬師保羅‧沃克創造的犬系，體型較大，且毛色多變。

順帶一提，哈士奇是1930年在美國犬業俱樂部登記，阿拉斯加雪橇犬則是1935年，

巴爾托和多哥與今天的哈士奇、阿拉斯加雪橇犬，外形都有一點不一樣。

阿拉斯加雪橇犬很有耐性，有保護家人的本能，安靜且溫馴，因為是雪橇犬的關係，所以無論是在家庭還是跟其他的犬隻相處上，都很注重長幼排序。

哈士奇與阿拉斯加雪橇犬都有能幫助牠們度過嚴寒的雙層毛，所以夏天時必須多加注意。

冰箱裡面好涼爽～！

這兩種狗都需要大量運動。

嘿嘿

嚓嚓嚓嚓

哈士奇與雪橇犬現在都透過許多媒體吸引大眾的關注。

漫畫《迷糊動物醫生》中的哈士奇小鬼

NEXON製作的遊戲《哈士奇快遞》

電影《冰狗任務》

電影《極地長征》

I LOVE YOU!

我因為YouTube出名，也曾經上過電視、拍過廣告喔！

會說話的哈士奇「米希卡」

除了米希卡之外，還有不少好像會講人話的哈士奇與雪橇犬。

或許是因為自古以來牠們就和人類有很深的連結，所以才在這過程中開始模仿人類的語言。

與狼極為相似的外表之下，隱藏著一顆溫暖的心。

「里洛」扮演母親的身分，照顧被救助的小貓。

這就是長久以來在極地的寒冷氣候當中，作為因紐特人的朋友與家人，一起生活至今的西伯利亞哈士奇與阿拉斯加雪橇犬。

雪橇犬與因紐特人一起度過嚴寒，成為家庭的一分子，而因紐特人也十分珍惜牠們，這深深地感動了阿拉斯加的探險家們。

牠們不畏任何寒冷與暴風雪，總是帶著溫暖。

是人類最古老的同伴、慈祥的守護者。

或許也是全世界最溫暖的存在。

參考資料

馬爾濟斯

《人氣小狗圖鑑174》一同書院編輯部著，姜賢廷譯，日出早晨出版
《每隻狗都不一樣》金素熙著，Petian Book出版
《Dog，人與狗共享的時間》李江元，宋洪謹，金善英著，Idam Books出版
《歷史的起源》，約翰·凱瑞著，金基協譯，大海出版社
https://en.wikipedia.org/wiki/Maltese_(dog)
http://www.akc.org/dog-breeds/maltese/
http://foundinantiquity.com/2013/11/15/the-melitan-miniature-dog/
http://www.annasheavenlymaltese.com/maltese_history.html
http://www.anothermag.com/design-living/3504/elizabeth-taylors-maltese-terriers

貴賓犬

《Dog，人與狗共享的時間》李江元，宋洪謹，金善英著，Idam Books出版
《終極狗百科：最完整的犬種圖鑑與養育指南》（The Dog EncyclopediaDK）出版社編輯群著，大石國際文化有限公司
《世界寵物狗百科》藤原尚太郎著，李允慧譯，GREENHOME
《人氣小狗圖鑑174》一同書院編輯部著，姜賢廷譯，日出早晨出版
《每隻狗都不一樣》金素熙著，Petian Book出版
《查理與我：史坦貝克攜犬橫越美國》約翰·史坦貝克著，企鵝出版集團
（January31, 1980）
https://en.wikipedia.org/wiki/Poodle
http://www.akc.org/dog-breeds/poodle/
http://www.thenapcg.com/
https://simple.wikipedia.org/wiki/Labradoodle

約克夏㹴犬

《世界寵物狗百科》藤原尚太郎著，李允慧譯，GREENHOME
《Dog，人與狗共享的時間》李江元，宋洪謹，金善英著，Idam Books出版
http://www.kkc.or.kr/breeder/standard_info.php?idx=121
https://en.wikipedia.org/wiki/Smoky_(dog)
http://www.smokywardog.com/
http://www.akc.org/news/yorkshire-terrier-saves-owner/
https://www.facebook.com/LucySmallestWorkingDog

西施犬

《世界寵物狗百科》藤原尚太郎著，李允慧譯，GREENHOME
《人氣小狗圖鑑174》一同書院編輯部著，姜賢廷譯，日出早晨出版
《有狗的世界史》李江元著，Idam Books
《Dog，人與狗共享的時間》李江元，宋洪謹，金善英著，Idam Books出版
《365天寵物狗飼養》亞當·得利著，知經社

http://www.kkc.or.kr/breeder/standard_info.php?idx=101
http://www.kkc.or.kr/breeder/standard_info.php?idx=85
http://www.akc.org/dog-breeds/shih-tzu/detail/
http://www.theshihtzuclub.co.uk/shih-tzu/breed-history
http://dogtime.com/dog-breeds/shih-tzu
https://en.wikipedia.org/wiki/Shih_Tzu
https://en.wikipedia.org/wiki/Lhasa_Apso
https://en.wikipedia.org/wiki/Pekingese

博美犬

《Dog，人與狗共享的時間》李江元，宋洪謹、金善英著，Idam Books出版
《每隻狗都不一樣》金素熙著，Petian Book出版
《終極狗百科：最完整的犬種圖鑑與養育指南》（The Dog EncyclopediaDK）出版社編輯群著，大石國際文化有限公司
《人氣小狗圖鑑174》一同書院編輯部著，姜賢廷譯，日出早晨出版
https://en.wikipedia.org/wiki/Pomeranian_(dog)
http://www.akc.org/dog-breeds/pomeranian/
http://www.kkc.or.kr/breeder/standard_info.php?idx=88
http://mom.me/pets/dogs/19329-cool-facts-about-pomeranians/
http://dogtime.com/dog-breeds/pomeranian
http://pepy.jp/1210
https://twitter.com/keep0109
https://www.facebook.com/Boo/
http://www.guinnessworldrecords.com/news/2014/8/video-introducing-jiff-thefastest-
dog-on-two-paws-59860/

吉娃娃

《終極狗百科：最完整的犬種圖鑑與養育指南》（The Dog EncyclopediaDK）出版社編輯群著，大石國際文化有限公司
《有狗的世界史》李江元著，Idam Books
《人氣小狗圖鑑174》一同書院編輯部著，姜賢廷譯，日出早晨出版
《每隻狗都不一樣》金素熙著，Petian Book出版
http://www.akc.org/dog-breeds/chihuahua/
http://dogtime.com/dog-breeds/chihuahua
https://en.wikipedia.org/wiki/Chihuahua_(dog)
http://www.petchidog.com/origin-of-chihuahua
http://www.totallychihuahuas.com/history-of-chihuahua
http://www.guinnessworldrecords.com/world-records/smallest-dog-living-(height)
http://lostworlds.org/tag/native-american-dogs/
http://www.wheelywilly.com/

巴哥犬

《The Dog Encyclopedia》 DK Publishing著，DKPublishing. Inc.
《每隻狗都不一樣》金素熙著，Petian Book出版
《365天寵物狗飼養》亞當·得利著，知經社
http://www.kkc.or.kr/breeder/standard_info.php?idx=90

https://en.wikipedia.org/wiki/Pug
http://dogtime.com/dog-breeds/pug
http://puginformation.org/
http://www.vogue.co.kr/
https://www.akc.org/expert-advice/lifestyle/did-you-know/things-you-didnt-knowabout-
the-pug/

臘腸犬

《畢卡索與浪波：一隻臘腸犬的飄泊之旅》畢卡索，大衛・道格拉斯・
鄧肯著，Bulfinch出版
《終極狗百科：最完整的犬種圖鑑與養育指南》（The Dog EncyclopediaDK）
出版社編輯群著，大石國際文化有限公司
《每隻狗都不一樣》金素熙著，Petian Book出版
《人氣小狗圖鑑174》一同書院編輯部著，姜賢廷譯，日出早晨出版
《世界寵物狗百科》藤原尚太郎著，李允慧譯，GREENHOME
《小狗探究生活》吉田悦子著，鄭英熙譯，韓國蘭登書屋
http://www.kkc.or.kr/breeder/standard_info.php?idx=42
https://en.wikipedia.org/wiki/Dachshund
http://www.hot-dog.org/culture/hot-dog-history
http://dogtime.com/dog-breeds/dachshund
http://www.fci.be/en/nomenclature/DACHSHUND-148.html
https://www.facebook.com/BiggestLoserDoxieEdition

雪納瑞

《終極狗百科：最完整的犬種圖鑑與養育指南》（The Dog EncyclopediaDK）
出版社編輯群著，大石國際文化有限公司
《人氣小狗圖鑑174》一同書院編輯部著，姜賢廷譯，日出早晨出版
《世界寵物狗百科》藤原尚太郎著，李允慧譯，GREENHOME
《每隻狗都不一樣》金素熙著，Petian Book出版
http://www.kkc.or.kr/breeder/standard_info.php?idx=54
http://www.kkc.or.kr/breeder/standard_info.php?idx=78
http://www.akc.org/dog-breeds/standard-schnauzer/detail/
http://www.thekcc.or.kr/asphome_new/06_breed/breed_sts.asp
http://www.thekcc.or.kr/asphome_new/06_breed/breed_gs.asp
http://dogtime.com/dog-breeds/miniature-schnauzer
http://dogtime.com/dog-breeds/standard-schnauzer
http://dogtime.com/dog-breeds/giant-schnauzer
http://abcnews.go.com/US/dog-shows-hospital-owner-battling-cancer/
story?id=28916913
http://www.dailymail.co.uk/news/article-2118299/Miracle-pooch-Giant-
Schnauzergives-
hospital-children-new-leash-life.html

小獵犬

《感性雜誌P》2015.4月刊雜誌P著，愛寵物出版
《人氣小狗圖鑑174》一同書院編輯部著，姜賢廷譯，日出早晨出版
《世界寵物狗百科》藤原尚太郎著，李允慧譯，GREENHOME

《每隻狗都不一樣》金素熙著，Petian Book出版
http://www.thekcc.or.kr/asphome_new/06_breed/breed_be.asp
http://www.kkc.or.kr/breeder/standard_info.php?idx=11
http://dogtime.com/dog-breeds/beagle
https://en.wikipedia.org/wiki/Beagle
https://www.cesarsway.com/about-dogs/breeds/the-history-of-beagles
http://www.thepatchkennel.com/
http://interactive.hankookilbo.com/v/e99c1e11c1834228a394bfafe2d15d0d/
https://www.youtube.com/watch?v=6qt42JMxBMw
https://ja.wikipedia.org/wiki/スヌーピー

可卡犬

《每隻狗都不一樣》金素熙著，Petian Book出版
《世界寵物狗百科》藤原尚太郎著，李允慧譯，GREENHOME
《人氣小狗圖鑑174》一同書院編輯部著，姜賢廷譯，日出早晨出版
http://www.akc.org/dog-breeds/cocker-spaniel/
http://www.akc.org/dog-breeds/english-cocker-spaniel/
http://www.kkc.or.kr/breeder/standard_info.php?idx=7
http://www.kkc.or.kr/breeder/standard_info.php?idx=46
http://www.thekcc.or.kr/asphome_new/06_breed/breed_cs.asp
http://www.thekcc.or.kr/asphome_new/06_breed/breed_ecs.asp
https://en.wikipedia.org/wiki/My_Own_Brucie#cite_note-9
http://www.easypetmd.com/doginfo/cocker-spaniel
http://dogtime.com/dog-breeds/cocker-spaniel
http://dogtime.com/dog-breeds/english-cocker-spaniel
http://www.americanartarchives.com/staehle.htm
http://www.hankookilbo.com/v/9b489ea477e642cfacd469c3743ef76d

柴犬

《世界寵物狗百科》藤原尚太郎著，李允慧譯，GREENHOME
《人氣小狗圖鑑174》一同書院編輯部著，姜賢廷譯，日出早晨出版
http://www.thekcc.or.kr/asphome_new/06_breed/breed_js.asp
http://www.kkc.or.kr/breeder/standard_info.php?idx=102
https://ja.wikipedia.org/wiki/柴犬
https://en.wikipedia.org/wiki/Shiba_lnu
http://www.animal-planet.jp/dogguide/directory/dir13100.html
http://nihonnoinu.web.fc2.com/lineage.of.japanese.dog.html
http://3inshiba.com/
http://www.maroonshibas.com/
https://ja.wikipedia.org/wiki/山陰柴犬
https://www.sciencemag.org/content/304/5674/1160?related-
urls=yes&legid=s
ci;304/5674/1160
https://www.instagram.com/doggy134/
http://kabosu112.exblog.jp/
http://www.animalplanet.com/pets/world-pup
http://shibanomaru.blog43.fc2.com/
https://www.instagram.com/marutaro
https://twitter.com/mamepic

http://menswear dog.com/
http://news.naver.com/main/ranking/read.nhn?mid=etc&sid1=111&rankingType=popul
ar_day&oid=001&aid=0006986704&date=20140629&type=1&rankingSeq
=107&rankin

法國鬥牛犬

《終極狗百科：最完整的犬種圖鑑與養育指南》（The Dog EncyclopediaDK）
出版社編輯群著，大石國際文化有限公司
《小狗探究生活》吉田悅子著，鄭英熙譯，韓國蘭登書屋
《人氣小狗圖鑑174》一同書院編輯部著，姜賢廷譯，日出早晨出版
《世界寵物狗百科》藤原尚太郎著，李允慧譯，GREENHOME
《學習知識的樂趣7》金文成著，鳳凰出版
http://www.animal-planet.jp/dogguide/directory/dir06600.html
http://www.easypetmd.com/doginfo/french-bulldog
http://www.akc.org/dog-breeds/french-bulldog/detail/
http://fbdca.org/
http://www.akc.org/dog-breeds/boston-terrier/
https://www.instagram.com/missasiakinney/
http://jarre.com/products/jarre-technologies/aerobull
https://www.instagram.com/picklebeholding/
http://www.huffingtonpost.kr/2015/10/05/story_n_8242914.html
http://www.huffingtonpost.kr/2015/08/17/story_n_7996300.html
http://www.huffingtonpost.kr/2014/06/27/story_n_5535937.html
https://www.instagram.com/chrissyteigen/
http://nownews.seoul.co.kr/news/newsView.php?id=20160527601010

珍島犬

《尹熙本的珍島狗故事》尹熙本著，夢野出版
《有狗的世界史》李江元著，Idam Books
《世界寵物狗百科》藤原尚太郎著，李允慧譯，GREENHOME
《從33種動物看韓國文化的象徵世界》金鐘大著，展新世界出版
http://www.kkc.or.kr/breeder/standard_info.php?idx=67
http://dog.jindo.go.kr/
http://www.kukyun.com/
https://ko.wikipedia.org/wiki/진돗개
http://www.grandculture.net/
http://news.sbs.co.kr/news/endPage.do?news_
id=N1001156403&plink=OLDURL
http://news.kbs.co.kr/news/view.do?ncd=2625112
http://news.jtbc.joins.com/article/article.aspx?news_id=NB10442962
http://imnews.imbc.com/replay/2015/nwtoday/article/3817209_17828.html
http://news.naver.com/main/read.nhn?mode=LSD&mid=sec&oid=421&aid=0
002175
500&sid1=001

威爾斯柯基犬

《每隻狗都不一樣》金素熙著，Petian Book出版

《終極狗百科：最完整的犬種圖鑑與養育指南》（The Dog EncyclopediaDK）
出版社編輯群著，大石國際文化有限公司
《Dog，人與狗共享的時間》李江元，宋洪謹，金善英著，Idam Books出版
《世界寵物狗百科》藤原尚太郎著，李允慧譯，GREENHOME
《人氣小狗圖鑑174》一同書院編輯部著，姜賢廷譯，日出早晨出版
《小狗探究生活》吉田悅子著，鄭英熙譯，韓國蘭登書屋
http://www.kkc.or.kr/breeder/standard_info.php?idx=116
http://www.thekcc.or.kr/asphome_new/06_breed/breed_wp.asp
http://www.thekcc.or.kr/asphome_new/06_breed/breed_wc.asp
http://www.akc.org/dog-breeds/cardigan-welsh-corgi
http://www.akc.org/dog-breeds/pembroke-welsh-corgi/
http://www.animal-planet.jp/dogguide/directory/dir04300.html
http://www.animal-planet.jp/dogguide/directory/dir11000.html
http://dogtime.com/dog-breeds/pembroke-welsh-corgi
http://dogtime.com/dog-breeds/cardigan-welsh-corgi
http://www.guinnessworldrecords.com/world-records/largest-cake-for-dogs
https://en.wikipedia.org/wiki/Queen_Elizabeth%27s_corgis
http://cardigancorgis.org/
http://www.easypetmd.com/doginfo/pembroke-welsh-corgi
http://socalcorgibeachday.com/

邊境牧羊犬

《人氣小狗圖鑑174》一同書院編輯部著，姜賢廷譯，日出早晨出版
《有狗的世界史》李江元著，Idam Books
《終極狗百科：最完整的犬種圖鑑與養育指南》（The Dog
EncyclopediaDK）出版社編輯群著，大石國際文化有限公司
《每隻狗都不一樣》金素熙著，Petian Book出版
《世界寵物狗百科》藤原尚太郎著，李允慧譯，GREENHOME
http://www.akc.org/dog-breeds/border-collie
http://www.animal-planet.jp/dogguide/directory/dir02900.html
http://dogtime.com/dog-breeds/border-collie
http://www.easypetmd.com/doginfo/border-collie
http://www.thekcc.or.kr/asphome_new/06_breed/breed_bcl.asp
https://en.wikipedia.org/wiki/Border_Collie
http://news.donga.com/3/all/20140113/60120810/1
http://www.fortbenton.com/shep.html
http://www.border-wars.com/2009/01/queen-victorias-border-collies.html
http://www.abc.net.au/news/2016-08-25/bailey-seagull-security-
dogaustralian-
national-maritime-museum/7780856
www.isds.org.uk

黃金獵犬、拉布拉多犬

《別跟狗爭老大》派翠西亞．麥可康諾著，黃薇菁譯，商周出版
《終極狗百科：最完整的犬種圖鑑與養育指南》（The Dog EncyclopediaDK）
出版社編輯群著，大石國際文化有限公司
《每隻狗都不一樣》金素熙著，Petian Book出版
《世界寵物狗百科》藤原尚太郎著，李允慧譯，GREENHOME
《人氣小狗圖鑑174》一同書院編輯部著，姜賢廷譯，日出早晨出版
《寵物狗大百科》賽吉．西蒙，多明尼克．西蒙著，三成出版社

http://www.animal-planet.jp/dogguide/directory/dir07100.html
https://en.wikipedia.org/wiki/Golden_Retriever
http://www.marjoribanks.net/lord-tweedmouths-golden-retrievers/
http://www.akc.org/dog-breeds/golden-retriever/detail/
http://www.thekennelclub.org.uk/
www.facebook.com/smileytheblindtherapydog/
http://abcnews.go.com/Health/blind-golden-retriever-smiley-warms-
heartstherapy-
dog/story?id=29533746
http://www.thekcc.or.kr/asphome_new/06_breed/breed_lr.asp
http://www.animal-planet.jp/dogguide/directory/dir09100.html

德國牧羊犬

《First Lady of the Seeing Eye》 Morris Frank，Blake Clark著，Paymrid
Books
《任丁丁：牠的一生與傳奇》Susan Orlean著，Simon &c Shuster
《全世界最特別的狗故事》文·李香安，圖·金珠里，秀京出版社
《每隻狗都不一樣》金素熙著，Petian Book出版
《世界寵物狗百科》藤原尚太郎著，李允慧譯，GREENHOME
《人氣小狗圖鑑174》一同書院編輯部著，姜賢廷譯，日出早晨出版
《終極狗百科：最完整的犬種圖鑑與養育指南》（The Dog
EncyclopediaDK）出版社編輯群著，大石國際文化有限公司
《寵物狗大百科》賽吉·西蒙，多明尼克·西蒙著，三成出版社
http://www.akc.org/dog-breeds/german-shepherd-dog/
http://www.animal-planet.jp/dogguide/directory/dir06700.html
http://dogtime.com/dog-breeds/german-shepherd-dog
https://en.wikipedia.org/wiki/Max_von_Stephanitz
https://de.wikipedia.org/wiki/Deutscher_Schäferhund
https://en.wikipedia.org/wiki/German_Shepherd
https://en.wikipedia.org/wiki/Morris_Frank#cite_note-5
https://en.wikipedia.org/wiki/Rin_Tin_Tin

可麗牧羊犬、喜樂蒂牧羊犬

《世界寵物狗百科》藤原尚太郎著，李允慧譯，GREENHOME
《人氣小狗圖鑑174》一同書院編輯部著，姜賢廷譯，日出早晨出版
《每隻狗都不一樣》金素熙著，Petian Book出版
《Dog，人與狗共享的時間》李江元，宋洪謹，金善英著，Idam Books
出版
《寵物狗大百科》賽吉·西蒙，多明尼克·西蒙著，三成出版社
《聽狗在說話：人與狗溝通的藝術》史丹利·柯倫著，趙三賢譯，商
周出版
《世界地名由來辭典》宋好烈著，聖地文化社
http://www.akc.org/dog-breeds/collie/
http://www.animal-planet.jp/dogguide/directory/dir05100.html
https://en.wikipedia.org/wiki/Pal_(dog)
http://www.insidermonkey.com/blog/11-most-loyal-dogs-in-the-
world-382832/5/
http://dogtime.com/dog-breeds/collie
http://www.thekcc.or.kr/asphome_new/06_breed/breed_sd.asp
http://dogtime.com/dog-breeds/shetland-sheepdog

http://www.animal-planet.jp/dogguide/directory/dir13000.html
http://edition.cnn.com/2015/11/20/health/cancer-smelling-dogs/
http://dogsdetectcancer.org/a-dogs-nose/

西伯利亞哈士奇、阿拉斯加雪橇犬

《終極狗百科：最完整的犬種圖鑑與養育指南》（The Dog
EncyclopediaDK）出版社編輯群著，大石國際文化有限公司
《狗GangAZi》2006.1編輯部著，Intercom媒體出版
《人類最好的朋友》（Man's Best Friends)約翰·麥沙尼著，約翰·布雷
克出版
《世界寵物狗百科》藤原尚太郎著，李允慧譯，GREENHOME
《人氣小狗圖鑑174》一同書院編輯部著，姜賢廷譯，日出早晨出版
《每隻狗都不一樣》金素熙著，Petian Book出版
http://www.shca.org/
https://en.wikipedia.org/wiki/1925_serum_run_to_Nome
http://iditarod.com/
https://www.youtube.com/user/gardea23
https://www.instagram.com/lilothehusky/
http://www.animal-planet.jp/dogguide/directory/dir00500.html
http://dogtime.com/dog-breeds/alaskan-malamute

討論區 041

犬的誕生
每天陪伴你的毛小孩，也有屬於牠們的歷史故事，
了解牠們，才會更懂得珍惜牠們。

作　者｜林秀美

譯　者｜陳品芳

出版者｜大田出版有限公司
台北市一〇四四五中山北路二段二十六巷二號二樓
編輯部專線｜（02）2562-1383　傳真：（02）2581-8761
E-mail｜titan3@ms22.hinet.net　http：//www.titan3.com.tw

總編輯｜莊培園
副總編輯｜蔡鳳儀　行政編輯｜林珈羽
行銷編輯｜陳映璇／黃凱玉
內頁美術｜陳柔含
校　對｜金文蕙／黃薇霓

初　刷｜二〇二〇年十二月一日　定價：四九九元

總經銷｜知己圖書股份有限公司
台　北｜一〇六台北市大安區辛亥路一段三十號九樓
TEL：02-23672044／23672047　FAX：02-23635741
台　中｜四〇七台中市西屯區工業三十路一號一樓
TEL：04-23595819　FAX：04-23595493

E-mail｜service@morningstar.com.tw
網路書店｜http://www.morningstar.com.tw
讀者專線｜04-23595819#230
郵政劃撥｜15060393（知己圖書股份有限公司）
印　刷｜上好印刷股份有限公司

國際書碼｜978-986-179-609-3　CIP：437.354/109015943

① 立即送購書優券
填回函雙重禮
② 抽獎小禮物

國家圖書館出版品預行編目資料

犬的誕生：每天陪伴你的毛小孩，也有屬於牠
們的歷史故事，了解牠們，才會更懂得珍惜牠
們。／林秀美作；陳品芳譯．
——初版——臺北市：大田，2020.12
面；公分．——（討論區；041）

ISBN 978-986-179-609-3（平裝）

1. 犬 2. 寵物飼養

437.354　　　　　　　　　　109015943

Original Korean language edition was first published in
August of 2018 under the title of
강아지의 탄생 by Rubybox Publishers Co.
Text and Illustration by Lim Soo Mi
Text and Illustration Copyright　2018 Lim Soo Mi
All rights reserved.
Traditional Chinese translation Copyright　2020 TITAN
Publishing Co., Ltd.
This edition is arranged with Rubybox Publishers Co.
through Pauline Kim Agency, Seoul, Korea.